微人格与微心理

李棕◎编著

国家一级出版社 中国纺织出版社 全国百佳图书出版单位

内 容 提 要

所谓微人格，是人类心理特征的整合、统一体；而微心理，指的是人们心理活动的外在反应，这一本能反应是人们无法隐藏的。生活中，读懂微人格和微心理，就能帮助我们轻松了解自己，了解他人，就能辨明人际关系、轻松驾驭人心的准确线索。

本书列举了大量的实例，并从心理学的角度给予了深度的剖析，内容涉及社交、职场、婚恋关系等多方面，由表及里，层层深入，引导读者朋友们学会洞察周围的人和事，进而轻松掌握人际关系中的主动权，做人际博弈的大赢家。

图书在版编目（CIP）数据

微人格与微心理 / 李棕编著. —北京：中国纺织出版社，2019.1 （2019.5重印）
ISBN 978-7-5180-5601-9

Ⅰ.①微… Ⅱ.①李… Ⅲ.①人格心理学 Ⅳ.①B848

中国版本图书馆CIP数据核字（2018）第260882号

责任编辑：闫 星　　特约编辑：李 杨　　责任印制：储志伟

中国纺织出版社出版发行
地址：北京市朝阳区百子湾东里A407号楼　邮政编码：100124
销售电话：010-67004422　传真：010-87155801
http：//www.c-textilep.com
E-mail：faxing@c-textilep.com
中国纺织出版社天猫旗舰店
官方微博http：//weibo.com/2119887771
天津千鹤文化传播有限公司印刷　各地新华书店经销
2019年1月第1版　2019年5月第2次印刷
开本：710×1000　1/16　印张：13
字数：139千字　定价：39.80元

前言

有人说，人生就如同一部戏，我们每个人都戴着面具在扮演着不同的角色。的确，对于任何人来说，人生最重要的两件事，一件是认识自己，一件是认识他人。

所谓认识自己，就是不断完善自己。从心理学的角度而言，每个人都有各不相同的人格面具。这些人格面具随着生活情境的不同，也在随时改变。不但人与人的人格面具各不相同，即使同一个人也会有不同的人格面具。而且，有些人格面具经过外界强化之后会变得更加鲜明，而有些人格面具则在长久的沉寂中隐藏于心灵深处，只有受到刺激或者遇到意外情况时才会显现出来。通常情况下，每个人都有一种非常明显的且占据主导地位的人格，帮助人们完善自身，主宰生活。如果各种人格都占据上风，也就形成了人格分裂。因而，我们应该形神合一，这样才能让自己得到更好的发展和存在。

所谓认识他人，就是要找到与他人相处的最佳方式。日常生活中，并不是每个人都会以真面目示人，而正确认识和判断一个人并不难，只要我们能学会细心观察他的表情、说话的语气和他的举止，就能够知道他内心的真实想法。这就是我们现在经常提起的“微人格和微动作心理学”。因为一些微动作背后，都隐藏着一定的秘密，如对方的服饰打扮乃至一个细小的装饰品都会透露他的性格、品位；当然，他人的一些生活习惯，如吃相醉态、消费方式、口头禅、看电视的习惯等也是他们的性格和行为状态的外显……除此之外，在具体的环境下，我们最好学会实施一些心理小计策，无论是职场、社交场合还是恋爱中，掌握他人的心理动态，然后对症下药，都能让我们说对的话、做对的事，然后达到我们想要的效果。

可见，在这个社会上，只有识人，你才能在交际中左右逢源；只有识人，你才能获得真正的朋友和爱人；只有识人，你才会占领博弈的制高点，赢得与对手的对决。这样才会拥有一个圆满幸福的人生。

可以说，本书就是一本实用的心理学教程。翻开这本书，你会发现，它是一本非常详尽的读心术指导手册，它会教你如何发现自我，认识自我，以及如何在与人交往的过程中用一双眼睛洞察周围的事物和周围人的想法，从而用一种正确的方式来应对周围形形色色的人，助你到达成功的彼岸，赢得幸福的人生！

编著者

2018年4月

目 录

上篇　了解微人格

下篇　洞悉微心理

上篇

了解微人格

第01章 你对自己的人格类型认知有多少

人格，指人类心理特征的整合、统一体，是一个相对稳定的结构组织，并在不同时间、地域下影响着人的内隐和外显的心理特征与行为模式。西方语言中“人格”一词多源自拉丁文的“persona”，即“面具”，暗示了人格的社会功能。人格更是体现了一个人的特点和与众不同。万千世界，自然有不同的人格元素组合成了一个个性格迥异的个体。现实生活中，若能将人格与心理结合起来，并运用到生活中，我们不仅能找到自己的性格号码，重新认识自我，更能有效地与人打交道，提升我们做人做事成功的指数。

认识自己，成为自己的镜子

肖曼·巴纳姆是一位著名的魔术师，他曾经这样评价自己的表演：“我的节目之所以受欢迎，是因为节目里包含了每个人都喜欢的成分，所以，每一分钟都会有人上当受骗。”事实上，在现实生活中，我们既不能时刻反省自己，看清自己，也不能把自己放在局外人的位置来观察自己。大多数时候，我们只能借助外界的一些信息来认识自己。所以，我们很容易受到外界信息的暗示，迷失在环境中，并习惯性地把他人的言行作为自己行动的参照。早在两千多年以前，古希腊人就把“认识你自己”刻在了阿波罗神庙的门柱上，但是，直到今天，我们也只能遗憾地说，“认识自己”仍有一段遥远的距离，其原因在于我们并不了解最真实的自己。

爱因斯坦16岁那年，父亲给他讲了一个故事，正是这个故事改变了他的一生：

“昨天我与杰克去清扫南边的一个大烟囱，那烟囱需要踩着里面的钢筋踏梯才能进去。杰克走在前面，我在后面，我们俩抓着扶手一阶一阶地爬了上去，下来的时候，杰克依旧走在前面，我还是跟在后面。钻出烟囱后，我发现了一件奇怪的事情：杰克的后背、脸上全被烟灰蹭黑了，而我身上竟连一点烟灰也没有。看见杰克的模样，心想我一定和他差不多，脸脏得像个小丑，于是，我到附近的小河里洗了又洗。而杰克看见我全身干干净净，就以为自己和我一样，只简单地洗了洗手就上街了，结果，街上所有的人都笑破了肚子，他们以为杰克是个疯子。”

最后，父亲郑重地对斯因斯坦说：“谁也不能做你的镜子，只有自己才是自己的镜子，拿别人做镜子，白痴或许会把自己照成天才的。”

我们之所以无法了解到真实的自我，大部分原因在于我们容易受外界信息的影响，诸如他人的言行等，在那些外界信息的暗示下，我们就可能出现了自我认知的偏差。因此，要想真正地看清自己，我们需要避免陷入别人眼光的谜团中，让自己成为自己的镜子。

当一个人的情绪处于低落、失意的时候，他就对生活失去了控制感，于是，他内心的安全感也受到了影响。这样一个缺乏安全感的人，其心理的依赖性将大大增强，比较容易受他人言行的信息暗示。所以，当对方说出一段无关痛痒的话时，我们很容易“对号入座”，这就是一种心理倾向，这将影响到我们对自己做出真实的判断。

我们应该学会面对自己，不要因为自己有缺陷或者自己认为那是缺陷，就通过自己的方法将其掩盖起来，这样的做法极其愚蠢。试想，当你把自己的眼睛蒙上时，你就真的掩盖了自己的缺陷了吗？因此，无论是自身的缺陷还是优点，我们都应该正确看待，因为面对自己是认识自己的必经之路。

认知自己，是一个美好的人生历程

美国浪漫主义诗人朗费罗说：“别人借我们过去所做的事来判断我们，然而，我们判断自己，却是凭将来能做些什么事。”心理学教授丹尼尔·吉尔伯特曾见过这样一个姑娘：衣衫不整、蓬头垢面，但长得很美。吉尔伯特教授跟她聊天，她也心不在焉，吉尔伯特教授沉默了一会儿，突然问她：“孩子，你难道不知道你是个非常漂亮、非常好的姑娘吗？”“您说什么？”姑娘惊喜地问，美丽的大眼睛里泛着泪光。原来，在日常生活中，她所面对的是同学的嘲笑、母亲的谩骂，以至于她失去了自我认知的能力。子曰：“不患人之不知己，而患人之不己知。”对每一个人来说，最担心的事情就是不够了解自己，不能清楚地认知自己。因此，我们要善于剖析内心，让自己拥有自我认知的能力。

一个人名声的好坏、能力的高低，是别人从事物的外表下的定义，根本就不是这个人的本质，自己真正的能力只有自己心里最清楚。然而，一个人最难认知的就是自己的内心，最难以回答的就是：我是谁？我想要的生活是什么？不过，当你清楚地认知了自己，就能够在这个世界上找到最基本的出发点，就能够去善待他人。

我们需要拥有全面认识自己的能力，全面认识既包括优点也包括缺点。一旦我们没有真正地认识自我，将导致自负或自卑等心理，最终这些负面心理会影响到我们的一生。

认知自我是一种胜不骄败不馁的从容，需要冷静地思考，这样才有机会赢得最后的成功；认知自我是一种高度自立的洒脱的生活方式，看清生命的本真，创造出属于自己的人生价值；认知自我是一种高度责任心的反省，将勇气与真诚注入自己的言行中，认清前进的方向。所以，我们要善于剖析内心，在忙碌之后不忘与自己做一次深入的交谈，从而拥有自我认知的能力。

从认知自己到孕育自己，这是一个美好的人生历程。自我认知是一种严谨的人生态度，自信而不自满，无论是春风得意还是失败困惑，我们依然要保持最平常的心态。像拿破仑一生战功赫赫，但在晚年却遭遇了“滑铁卢”的惨败，此时他依然贪恋富贵，企图复辟王朝，最终只能在绝望中死去。清楚地认知自己，需要我们摆脱一切对外物的依赖，绝不做金钱或权力的奴隶。

观察言行举止，判定他人气质特征

何谓气质？从心理学上说，气质就是表现在心理活动的强度、速度、灵活性与指向性等方面的一种稳定的心理特征。其主要表现在情绪体验的快慢、强弱上。因此，通过气质，我们能够了解一个人的心理活动。当然，气质与我们常说的“脾气”“性格”“性情”是差不多的，不过，在日常交际中，气质更多地表现为人格魅力，如修养、品德、行为举止、待人接物等。

不同的人有不同的气质表现，有的人高雅恬静，有的人温文尔雅，有的人豪放大气，有的人不拘小节。如果我们能识别其气质特征，再逐一对应，对我们与他人建立融洽的关系很有帮助。对此，心理学家结合了大部分人的气质特征，并将其分为四种：多血质、黏液质、胆汁质、抑郁质。这四种气质都有其鲜明的特征显现，如敏感孤僻的抑郁质、情绪粗狂的胆汁质等。在我们与他人接触的过程中，通过观察其言行举止，就可以判定对方属于何种气质特征。

双方的谈判代表进入了会客室，王总吩咐助理将沏好的茶端上来。不一会儿，助理将热腾腾的茶送进来了，不料，正要放在桌上的时候，一不留神，脚下一滑，身子一斜，热茶洒了出来，有几滴滚烫的茶水溅到了坐在桌前的谈判代表张总身上。王总身边的小柯想上前帮忙整理，王总却示意他坐着别动，他想看看张总到底有什么反应。

出人意料，张总只是用桌上的纸巾擦了擦衣服，面对助理的连连道歉，他面带笑容，好像什么事情都没发生过，反而关切地问道："小姐，你没事吧，下次可要小心了！"助理点点头，这时，王总才站起身来问道："张总，没什么事吧？"张总回答说："只是小事，我们赶紧进入正题吧。"王总看张总这样的表现，判断出他是情绪丰富的多血质，这样的人善于交际，容易适应环境的变化，做事很灵活，不过，内心比较骄傲。有了这样的认知，王总笑了，他知道下面该如何去应付这位谈判对手了。

对助理无意中犯的错误，张总始终面带微笑，表现得异常平静，而他如此的表现正与情绪丰富的多血质相对应。没想到，谈判过程中发生的一件小事，却成为王总识破对手气质特征的突破口。

一般而言，胆汁质的人情绪比较粗狂，多血质的人情绪丰富，黏液质的人情绪贫乏，抑郁质的人多愁善感。这四种气质特征的人在遇到相同的事情时会如何表现呢？对此，苏联心理学家进行了研究，以"看戏迟到”为特定情境，发现这四种气质特征的人都有不同的行为表现：“胆汁质的人很生气，与检票员争吵了起来，甚至想推开检票员，冲过检票口，直接跑到自己的座位上，他们一边吵架一边埋怨戏院的钟走得太快；多血质的人看到检票员不让进去，就悄悄地跑到楼上，自己寻找了一个位置；黏液质的人心想，反正第一场不怎么好看，还是先到外面待一会儿，等休息的时候再进去；抑郁质的人对此闷闷不乐，没想到头一次来看戏就这样倒霉，垂头丧气的他干脆回家了。”

其实，这四种气质特征的人身上都是有迹可循、有特征供识别的。下面，我们就简单地介绍这四种常见的气质特征，希望你借鉴一二，以此识别不同气质特征的对手。

1. 多血质

这类人情感与行为来得比较快，去得也比较快，个性温和，感性大于理性，善于交际，很容易适应新的环境。其语言表达很有感染力，姿态多样，面部表情丰富，个性比较外向。聪明机智，思维灵活，不过，对于某些事情，他们不愿意问个清楚明白。而且，其注意力与兴趣很容易转移，不稳定，做事缺乏毅力。

2. 胆汁质

这类人有着较强的反应能力，且反应速度很快。他们在情感与行为上若是有强烈的体验，则会表现得异常明显。性格开朗、乐观，待人热情，为人直率，不过，脾气比较暴躁，喜争强好胜，容易意气用事，在冲动之下往往做出一些错误的决定。他们有着较强的精力，往往以最大的热情与精力投入到工作中，不过，在工作中偶尔会缺乏耐心。思维多灵活，不过，理解问题多是粗粗略过，不够细。

3. 抑郁质

这类人情感与行为反应缓慢，感性大于理性。多愁善感，感情喜欢内制而不外露。喜欢想象，机智聪明，有着敏锐的观察力，能够察觉到别人未能发现的东西。意志力薄弱，胆小怕事，做事优柔寡断，在失败后往往心神难安。对人际交往比较冷漠，个性孤僻。

4. 黏液质

这类人情感与行为反应迟钝，缺乏应有的灵活性。情绪稳定，没有太大的波动，即使心中有情绪，他们也不轻易外露，遇到了难过的事情也不动声色，一个人默默承受。其注意力与兴趣比较稳定，难以转移。喜欢思考，有较强的自制力，能够控制自己。平时沉默寡言，办事谨慎细微，不冲动，不鲁莽。不过，适应能力较差，常常活在自己狭小的空间里。

泡菜效应：近朱者赤，近墨者黑

在日常生活中，我们发现：同样的蔬菜在不同的水中浸泡一段时间后，将它们分开煮，其味道是不一样的，这就是著名的“泡菜效应”。通过这个原理，我们知道，一个人在不同的环境里，其性格、气质、素质和思维的方式等方面都会有明显的差别，这就是我们常说的“近朱者赤，近墨者黑”，泡菜效应直接揭示了环境对人的成长的影响。1979年诺贝尔物理学奖获得者温伯格曾说过：“我之所以获奖，是因为我们学校有一种人才共生效应。”经过调查发现，原来温伯格所在的那一届有10多个人都成了美国著名的物理学家。对此，温伯格坦言学校的环境造就了自己的成功：“那时学校教物理的老师都特别棒，鼓励我们自由思考，作业很少，给我们留有闲暇，当时学校还有个科幻俱乐部，我们都是俱乐部的积极分子。”

恩格斯说：“人创造环境，同样，环境也创造人。”环境对人的成长具有不可抗拒的作用，有人更是提出了“人是环境之子”的观点。《晏子春秋》里曾说：“橘生淮南则为橘，生于淮北则为枳。叶徒相似，其实味不同，所以然者何？水土异也。”其实，人也一样，容易受到周边环境的影响。我们与什么人相处，就会沾染上什么样的习惯，有什么样的品性，而这些行为特点将会影响我们的一生。因此，我们应该给自己创造一个良好的环境，努力从周围的环境汲取营养，以此提升自我。

当我们接近品性好的人时，可以学好，心中不自觉地萌发出见贤思齐的想法；当我们接近品性坏的人时，就很容易变坏。我们生活的环境就像一个大染缸，很容易将形形色色的人同化在其中。当我们处于修心重德的环境中，我们就会受到身边人的言行教化，自觉地约束自己；相反，假如我们处在道德败坏的环境中，我们就会受到身边消极观念的影响，随波逐流。因此，要想认清自己，有效地提升自我，我们应该选择一个良好的环境，这样我们的心灵才能够得到升华。

选择最好的人格面具，做最好的自己

何谓人格面具？所谓面具，顾名思义就是表现出来的样子。生活中很多人都见过面具，当我们不想让别人看到自己的真实面目，就会以面具遮挡，这样的面具对于我们而言是一种掩饰。在舞台上，演员也经常戴着面具，饰演各种各样的角色。从心理学的角度来说，人格面具则并不是掩饰，而是一种被强化了的人格。在进行精神分析理论的相关研究时，瑞士心理学家荣格提出了人格面具的说法，并且将其原型归为四大类。在《原始意向和集体无意识》中，荣格提出人格面具是人对应世界的自成体系，这种体系能够帮助人们适应世界，或者应对世界。人格面具具有统合性、独立性和整体性。统合性，是人的内在与外在的统一；独立性，是人格面具的独特性，每个人都必须把面具与自己的个性区别开来，才能保持认知的独立性；整体性，则指人格面具应该立足于整体人格，并且对整体人格产生影响。

人格面具，不但是我们应对客观世界的自成体系，也是我们了解到的自己的面目。现实生活中，很多人自以为了解自己，实际上我们并不了解自己，我们了解的只是那个我们愿意展现给世人的面目。

在这个世界上，很少有人能够做到真正的特立独行，更不可能完全按照自己的心意生活。有很多人都非常在乎他人的想法，诸如当人们赞许一个人非常友善时，他就会变得更加乐于助人，当人们非常欣赏一个人的稳重老成时，这个人也就会变得更加成熟。如此长期下去，人们这种得到赞许的品质和表现会越来越得到加强。举个最简单的例子，当一个明星树立良好的公众形象，做了慈善和公益，并且得到了公众的认可，他就会更加注意维持自己的形象，甚至变得更加慷慨。实际上，人的心底里并非和表现在公众面前的完全一致。这和我们在独处的时候，也会与在他人面前有很大不同是一样的道理。

在风靡世界的《蜘蛛侠》中，彼得的形象深入孩子们的心。因为彼得的影响，几乎每个看过这部影视作品的孩子，心中都有当蜘蛛侠的梦想。当彼得穿上那身蜘蛛侠的衣服时，原本内向羞涩的他马上就像变了一个人，转眼之间就变成了惩善扬恶的英雄。

其实，彼得从小就失去父母，被伯父伯母收养，虽然伯父伯母对他视若己出，但是他却非常羞涩，内向。读高中时，彼得尽管成绩优异，但是因为与其他同学鲜少往来，所以他的学校生活过得并不顺心如意。看到彼得整日沉浸在科学的世界中，同学们都调侃他是个书呆子，热衷于运动的汤普森还公开嘲笑他，给他起带有鄙视意味的绰号。

后来，一只受过放射性感染的蜘蛛把彼得咬伤了，彼得惊讶地发现自己居然获得了超能力。又因为他的伯父被一个抢劫犯杀死，他从此决定惩善扬恶，伸张正义。不过，彼得显然无法摆脱心底里的羞涩，因而他为自己制作了一身超酷的蜘蛛侠衣服，每当需要出手伸张正义时，他就会穿上这套衣服，以截然不同的形象出现，最终在社会上引起了广泛影响。

在这部影视剧中，彼得显然是有着不同人格面具的。生活中的他，总是内向而又羞涩，但是只要穿上蜘蛛侠的衣服，他马上就会像变了一个人一样，成为万人瞩目的英雄。这样的角色转变，让彼得渐渐认清了自己，也逐渐找回了自信。

我们需要区分人格面具和伪装的区别。因为人格面具是人格的不同表现，是在无意识中形成的。而伪装，则是人们刻意为之的。人格面具最主要的功能就是帮助我们适应和应对外在世界，从而让我们更好地生存和发展。众所周知，每个人都是有着多重角色的，诸如儿子、父亲、丈夫、上司、下属等。这些角色在我们的生活中不断转变，往往需要我们表现出不同的内在以适应和满足角色的需要。很多人在形成人格面具的过程中，都更多地以外界的评价来规范自己。诸如当你夸奖孩子乖巧时，孩子很少变得顽皮，并在你的夸奖之下变得更加乖巧。然而一旦与小伙们在一起，孩子就会马上恢复天性，减少对自己的束缚，让自己恢复孩童的天真和顽劣。通常情况下，一个健康的成人往往能够根据情境的需要改变自己，成功地戴上最合适的人格面具，扮演好自己的社会角色。不过，需要注意的是，那些隐藏的人格是很私密的，总是因为受到长期的压制而没有机会展示。例如，一名教师即使对学生非常厌恶，也不能在课堂上表现出来，而只能继续耐心地教育学生。只有佩戴最合时宜的人格面具，我们才能更好地生存。

也许你已经适应了现在的人格面具，也许你知道自己有些隐秘的人格面具是绝对不能表现出来的，但是你未必真的了解自己的真面目。人，是这个世界上最复杂的存在，是连自己都无法做到真正了解自己的。我们唯有对自己保持客观的心态，尽量剖析自身、了解自身和评价自身，才能给予自己更好的交代。从本质上来说，人格面具其实是一种自我保护机制，尽管与伪装不同，但是却能让我们表现得更好，更符合社会的期许和他人的评价。由此可见，人格面具与每个人的生活都是息息相关的，我们必须在认清自己的基础上，选择最好的人格面具，做最好的自己。

读懂自己，保持心灵的健康

当你拥有的角色越来越多，你所需要的人格面具也越来越多，你还能做到井然有序地调配这些面具在最恰当的时候表现出来吗？就像是小丑表演扔球的游戏，也许球少的时候能够做到井井有条，但是当球越来越多，就难免手忙脚乱、不知道如何是好了。在这种情况下，出现了一个新的心理名词，那就是“人格失调”。这个词语很形象，为我们揭示出人格失调的表现和本质。通常情况下，失调可以分为三种情况。第一种是人格面具过度发展。众所周知，过犹不及，当人格面具过度发展时，带给我们的未必是好的影响，很有可能是诸多的麻烦。第二种是人格面具发展不够全面。第三种是由于过于认同人格面具，导致把社会角色与自身的次序本末倒置，无法正确区分和放置。

生活中，有很多人的人格面具都是过度发展的。诸如，有一个人很喜欢做好事，刚开始时，他是出于真心而做好事，但是随着人们对他的赞许越来越多，他被这些赞许绑架，根本不好意思再拒绝帮助他人，甚至是违心地去做一些好人好事，最终导致他所表现出来的乐于助人、大公无私，与他心底的所想所思完全不一致。在这种情况下，他的心灵与他的表现就脱节了。历史上也不乏这样的人，他们被人格面具所绑架，虽然得到了无数的荣耀和赞许，却渐渐背离自己、失去自我。

德意志大名鼎鼎的“乞丐帝王”威廉一世，骁勇善战，非常重视军事。他曾经将80%的财政收入用于军事，但是他的登基仪式却很俭省，才花了两千银币。从这个强烈的对比上，我们不难看出威廉一世对于军事的重视程度。在他的影响下，国家盛行军国主义作风，主张“服从就是一切”的普鲁士精神。在威廉一世的治理下，全国上下都形成了艰苦朴素的作风，上到王公大臣，下到贫民百姓，没有一个人不过着寒酸的生活。与此形成鲜明对比的是，普鲁士的军队装备一流，而且人员充足。

从皇太子腓特烈很小的时候，威廉一世就让教师们引导他排斥艺术和一切没有意义的活动。可惜天生羸弱的腓特烈非常胆小温柔，偏偏喜欢父亲不喜欢的艺术、文学等。为此，与腓特烈产生了剧烈的争执，也直接导致威廉一世对他的不认可和不欣赏。在威廉一世严厉的教育和凶残的殴打下，腓特烈胆战心惊，直到长大成人，这种阴影还在他的心里挥之不去。在成年之后，腓特烈因为不堪忍受威廉一世的严厉，甚至想要逃到英国寻求庇护。但是他的计划落空了，并因此而锒铛入狱。最残忍的是，威廉一世下令将腓特烈的同伴斩首，还要求腓特烈必须旁观，这几乎撕裂了腓特烈的心。他意识到威廉一世是不会妥协和尊重他的，不得不从此开始戴着面具的一生。他登基之后性情大变，和父亲一样成为一名骁勇善战的德意志帝王，堪称疯狂。最终，腓特烈成为与亚历山大大帝、恺撒大帝和拿破仑等相提并论的军事伟人，甚至成为后世拿破仑的楷模。

真相是什么呢？这个胆小怯懦、内向害羞的小男孩，为何能成为拥有钢铁般意志、享誉世界的帝王呢？这就是人格面具的力量。腓特烈的面具极具虚伪性，在长达几十年的时间里，他始终残忍地压抑自己的本性，与自己所期望的样子背道而驰。不得不说，作为德意志之父，腓特烈是成功的。但是作为一个完整的人，腓特烈的人格是有着巨大缺陷的。他的一生，是极度隐忍的一生，是背叛自己的一生。虽然腓特烈最终走向了成功，但是倘若一个缺乏隐忍精神和能力的人这么做，其后果则是极端严重的。不但会造成严重的人格失调，甚至还会导致其不堪重负，最终做出过激的事情。

诸如，现代社会望子成龙、望女成凤的家长比比皆是。为了让孩子将来能够出人头地，父母们全都不遗余力地培养孩子，恨不得让孩子变得十全十美，无所不能。然而，有几个孩子是有着超常天赋的呢？大多数情况下，他们都不能做到那么完美，因而只能默默承受。我们看到不少新闻报道，一个个孩子因为不堪学业重负和父母殷切的期望，选择了自杀。因为他们无颜面对心切的父母，也无法面对不能让父母满意的自己。这就是人格面具过度发展的典型现象，也是现代社会的莫大悲哀。诸多孩子的离去让我们警醒，应该给孩子更多的发展空间，应该尊重孩子的天性，这样才能让他们更从容地面对生活。

现代社会中，人格面具过度发展是一种很常见的社会现象，但是却没有引起大家的足够重视。当人格面具长期过度发展，就会扭曲人们的心理，让人们在重负之下最终选择放弃，甚至是结束生命。不得不说，这是莫大的悲剧。其实，每个人都应该学会帮助自己放松，即使真实的自己不那么完美，我们也应该更加坦然地接受自己，悦纳自己。

除了人格面具过度发展带来的严重负面影响之外，人格面具发展不够完全或者过于认同人格面具，也会给我们的生活带来意想不到的麻烦。既然人格面具是我们适应和应对世界的自成体系，我们就应该有意识地促进自身人格面具更好的发展，也为我们的美好生活铺垫基础。

在社会生活中，人格面具就像一把双刃剑，既会给我们带来帮助，也会给我们带来伤害。作为一个人，我们必须保持心理健康，这样才能更好地经营自己的人格面具，也能够随时随地自如地摘下人格面具，而丝毫不会觉得无所适从。常常面对自己的内心吧，只有读懂自己，你才能完善自己，提升自己，让人生得到升华。

第02章　让人闻之色变的变态行为和怪癖是怎么回事

生活中，我们每个人都有自己的习惯、爱好甚至是癖好，有些爱好甚至是被我们称为“变态”的行为，如暴食症、偷窥癖、异物癖。实际上，每一个“变态行为”的背后，都隐藏着一定的心理秘密，揭开这一秘密，能让我们对这些行为有更深层次的认识，能帮助这些“变态者”找到梳理心理问题的方法。同时我们也要注意，对于那些负面的、消极的行为习惯和爱好，我们应该尽力克制，否则很有可能会给我们的生活带来一定的负面影响。

“变态者”的心理是如何慢慢扭曲的

若干年前，如果我们骂一个人是变态，那么这个人无论是从外表上看或者是从内心来看，定然有着与众不同且不能为大众所接受的异常表现。这种异常表现真的就属于病态的吗？很多情况下，事实并非如此，它有可能只是不同于常人。当然，我们也不排除生活中真的存在一些变态的人，诸如有些男人很喜欢穿裙子，而且还要像女人一样穿丝袜，甚至在几十年前，我们看到一个男人留着长长的头发，也会在心里暗暗骂其变态。随着时代的发展、社会的进步和国门的打开，越来越多的西方先进思潮和生活理念涌入我们的生活。现在，我们对于男人穿裙子已经见怪不怪，变态的称呼随着时间的流逝，也用在了那些表现越发异常，甚至存在病态的人身上。

早晨，你正在拥挤的地铁上昏昏欲睡，突然觉得身后伸来一只手，在抚摸你的臀部，这时候你一定会马上睡意全无，扭头怒骂：“变态！”有的时候，你漫不经心地走过某一处，却发现有个男人正裸露着自己的私处，而且满脸猥琐地看着你，这样的男人无疑也是变态。随着网络的普及，网络上承载的内容也越来越复杂，越来越无常。有很多虐杀小动物的视频在网络上的播放次数竟高达几十万，为什么有那么变态的人上传这样的视频且又有那么多人喜欢看呢？不得不说，他们的心理多多少少都存在扭曲。变态就是如此常见，在我们的生活中甚至随处可见，那些曾经一见到他们就惊呼变态的人，也都对此习以为常了。不得不说，这是生活的悲哀。

既然现代社会对变态已经见怪不怪了，我们也就要想出更加积极的办法应对这些变态行为。当然，有些变态并非真的心理变态，而只是因为生活和工作的压力太大，为了释放自己扭曲的心灵，所以才变成了变态。既然如此，我们也就没有那么容易区分变态和非变态了。很多时候，那些一眼能够看出来的变态并不会对人们造成威胁，反而是那些看起来和正常人无异实则心理严重扭曲的伪变态会给人们带来大麻烦。因而，我们应该放平心态，保持平和之心对待他们，千万不要随意激怒他们。在北京，曾经有一位女士推着婴儿车挡住了超市停车场出口处的道路，面对司机的鸣笛，这位女士没有及时让路，而是想要与对方理论。万万没想到的是，这位司机愤怒地下车，并没有给女士机会辩论，而是怒气冲冲地抓起了婴儿车上的孩子，将其狠狠地摔在地上。无辜的孩子就这样受到严重伤害，最终失去生命，不得不说，这是母亲的悲哀，也是全社会的悲哀。近年来，因为与成人吵架而迁怒于孩子的事情时有发生，不得不说，这样的伪变态给人们的生活带来了极大的危害，使得人心惶惶。既然变态见怪不怪了，我们也应该及时调整自己的言行举止，从而更好地保护自己，也保护家人和孩子。

当然，所谓的变态并非全部都是恶意的，其实也指不同于常人的心态和外在表现。接下来，让我们看一个例子。

有位男士和妻子的感情非常好，然而，就在他们结婚的第三个年头，因为羊水栓塞，正在生产的妻子骤然离世。男士终日恍惚，精神不振。也许是因为强烈的思念吧，他几乎每天晚上都会梦到妻子，在梦里，他们还像以前一样过着幸福甜蜜的生活，一起买菜做饭，一起看电视、去游玩，甚至连夫妻生活都一如往常。渐渐地，这位男士变得嗜睡，不想面对现实生活，只想在梦里和妻子重温往日的美好。随着时间的推移，他的精神越来越不正常，最终精神失常，被送进了医院。

在这个事例中，男士对于妻子炽热的爱，使他沉迷于睡眠之中，以便能够与妻子重逢。殊不知，人死如灯灭，这只不过是他的潜意识把妻子带了回来。当长期沉迷其中，他必然失去神志，导致心理上的变态。曾经有位心理学专家说，一切心理问题，归根结底，都是潜意识的问题。生活中，当我们看到某个受到强烈刺激的人开始自言自语地说笑时，就要警惕了。只有及时帮助他们疏散情绪，才能让他们从沉痛中走出来，勇敢地面对现实世界。

人们常说的日有所思，夜有所梦就是这个道理。如果你身边有爱喝酒的人，你就会发现当一个人喝酒之后，尤其是喝醉之后，就仿佛变了一个人。这主要是因为在酒精的兴奋作用下，他们的潜意识完全发挥出来，那个隐藏的自我也开始尽情表现。这么说来，变态似乎也没有那么可怕了！

每个人的心里都住着一个陌生的自己，这就像我们在阳光下都有影子一样。只不过，这个模糊的自己深藏在我们的心里，不到万不得已，很少表现出来。所以，我们不必一谈到变态就色变，其实变态在生活中很常见，而且也没有那么可怕。就当是另外一个自我出来遛弯了吧，你只需要掌握让哪一个自我占据主导位置就行了。

认识偷窥癖者

从2011年开始，“控”这个词语开始流行于网络，并且很快在现实生活中盛行起来。所谓“控”，在英语中是“情结”的意思，意为人们无法控制自我地喜欢某件东西。当“控”的领域从具体的物质转移到行为上，就称其为“癖”。生活中，人们的兴趣爱好总是五花八门，甚至有些兴趣爱好根本不符合寻常的社会行为规范，这样的兴趣爱好被称为“怪癖”。怪癖多种多样，如男人喜欢穿裙子，踩着高跟鞋；有些人特别喜欢窥探别人的隐私，并且以此为乐；有些人心理变态，总是喜欢虐杀小动物；还有些人喜欢吃钢铁，虽然可能是因为体内缺少某种元素导致的……总而言之，大千世界无奇不有，很多人都有不为人知的怪癖。如果这种怪癖没有影响到他人的生活，原本也无可厚非。但是偏偏有些怪癖关系到他人的安全，这样的怪癖就会遭到众人的指责，甚至受到法律的制裁。

现代社会，很多年轻人都喜欢追星，也因而诞生了记者群体中一个独特的存在，即狗仔队。不得不说，狗仔队其实是带着些贬义的，因为他们总是在以偷窥的方式探查明星的私生活，从而拿来娱乐人众。偏偏很多粉丝或者追星的人，都对明星的私生活充满好奇，不得不说，这些追星的人也有偷窥的嫌疑，只不过是法不责众，也因为他们的窥探并没有给明星的人身安全带来伤害，所以他们的行为披上了合情合理合法的外衣。

更加危害他人安危的是性质更加恶劣、动机更加卑鄙的偷窥。如今，很多人都乘坐公交车或者挤地铁上下班，在这些拥挤的场合，尤其是夏天穿的衣服比较薄透的情况下，偷窥者变得更加常见。为什么这些人都热衷于偷窥呢？其实细心的人会发现，很多年老的畏缩的男性喜欢偷窥是因为他们的很多欲望得不到满足，便以偷窥的方式进行性幻想，最终使自己产生精神上的愉悦和快感。偷窥者不仅仅存在于低层次的人员之中，很多生活在社会高层的人也会产生偷窥心理。众所周知，所谓偷窥就是指偷偷地看，不被当事人察觉，也因为如此，偷窥者才有更多的空间进行猥琐的想象。

作为报社的主编，张君看起来文质彬彬的，实际上却是个道貌岸然者。他和下属琳娜住在同一个小区里，就是前后楼，因为他家的楼层只比琳娜家高出几层，所以窗户几乎相对着。有很长一段时间，琳娜都觉得每当自己在卧室里时，总有人盯着她。琳娜跟老公说了好几次，但是老公却神经大条地说："哎呀，人人都那么忙，谁有时间偷窥你呢！"尤其，琳娜和老公在卧室里拥抱时，这种如芒在背的感觉更加明显了。

琳娜最终决定开始反击，她购买了一个摄像头，悄悄地安装在阳台的一个角上，对着对楼有可能偷窥她的那几层。果不其然，当琳娜几天之后拿出录像来看时，发现对楼上有个人从窗户里探出脑袋，用一个望远镜明目张胆地朝着她家的阳台看过来。最让琳娜惊讶的是，这个人不是别人，就是她的顶头上司张君。看到这里，琳娜气愤极了，当即去商场加急做了一副厚重的遮光窗帘，取下了原本悬挂在阳台上的丝质窗帘。

虽然生活中有很多人都喜欢偷窥，但是像事例中张君这样的偷窥行为，显然已经危害到了琳娜的安全。因为是上下级的关系，琳娜没有办法直接质问张君，因而只能采取自我保护的手段避免被偷窥的尴尬。如果偷窥已经严重到影响生活的地步，那就只能果断换房。毕竟，没有任何人愿意在别人的监视之下生活。

偷窥癖到底是如何形成的？至今为止，依然没有准确的定论。但是确凿无疑的是，偷窥是一种非常变态的心理和精神方面的疾病，是以满足自己的心理欲望为动机，对于他人隐私的不尊重和窃取。很多新闻都曾说过，现代社会的偷窥现象越来越严重，甚至有老年男性在租给年轻女孩的出租房里安装摄像头的。不得不说，这是严重的偷窥癖。年轻的女性一定要增强安全防范意识，不管什么时候，都要注意保护自己的隐私。

需要注意的是，偷窥和偷窥癖是有区别的。有很多青少年因为青春期的冲动和荷尔蒙的作用，也会有偷窥的行为。但是他们的这种行为往往是阶段性的，是正常的生理反应。所谓偷窥癖则更加严重。真正的偷窥癖患者，几乎无法控制自己偷窥的欲望，而且会把偷窥作为生活中必须做的事情之一，甚至对此乐此不疲。这种情况是完全病态和扭曲的，必须引起足够的重视。

恋物癖者是如何逐渐心理扭曲的

现实生活中，喜欢美食和漂亮衣服的人比比皆是，但是你听说过喜欢门把手的女人、喜欢胸罩的男人、喜欢泥浆的人吗？没错，这些人的确存在，而且对于“物”的癖好已经达到了病态的程度。在很多正常人看来严重的怪异行为，他们却乐此不疲，只因为他们爱上了某种特殊的物体，这种爱甚至堪比爱情那样纯粹和灼热炽烈。

2015年年初，日本出现了“门把少女”。这些年轻漂亮的女孩，爱上的居然是门把手。她们或者全心投入地亲吻着门把手，或者满脸爱意地摩挲着门把手。在她们眼中，门把手似乎是她们最亲密也最钟情的爱人，能够给予她们很大的安慰和快感。作为一个正常人，甚至嫌弃门把手上细菌丛生的人，很难理解“门把少女”的这种怪异举动。有心理学家专门对于这样的怪异现象进行过研究，最终发现大多数恋物癖患者其实并非真的爱上了某种物体，而是因为心理扭曲，以这种特殊的物体来唤醒自己的生理冲动和心理快感。例如有些男人就特别喜欢女人的胸罩，甚至很久以前有个男性因为四处偷窃正在晾晒的胸罩而被以流氓罪论处，锒铛入狱。实际上，胸罩本身并不能给这个男性带来任何生理上的享受，他只是希望通过与女性用过的胸罩亲密接触，来唤起自己的性幻想，从而得到满足。这才是恋物癖者深层次的心理因素。

作为一个有着体面工作的男人，小松从来不敢承认自己是个恋物癖者。每当与爱人在一起时，他总是贪婪地亲吻着爱人的脚，爱人还以为他这是爱的表达，实际上他只是迷恋女人的袜子。当他亲吻着女人穿过的袜子，马上就会产生性的冲动，简直比很多治疗性无能的药物都更管用。

为何小松会对女人穿过的袜子情有独钟呢？原来，小松在青春期时，曾经因为荷尔蒙的作用，偷窥过女人洗澡。当时，他透过锁眼只看到了氤氲的水汽和扔在地上的袜子。从此以后，袜子在他心目中就成了性的代名词。有一次，小松在办公室看到有位漂亮的女同事的袜子散落在办公桌下，他趁着大家都去吃午饭的时候，悄悄地拿起来放在鼻子下闻了闻。因为爱上了袜子，他也对穿过的袜子特有的气味情有独钟。如此爱屋及乌的表现，在恋物癖患者那里并不少见。

在这个事例中，小松之所以变成恋物癖，就是因为袜子唤起了他的性幻想，也激发起了他的性冲动。很多人的恋物癖都是因为性欲倒错，他们把某件特殊的物品与性联系了起来，一旦看到那个物品，就会产生生理上的反应和心理上的冲动愉悦。

需要注意的是，我们并不能因为一个人某一次对某种物品产生冲动，就断定他为恋物癖者。要想判断一个人是否真的患了恋物癖，要看他是否至少在半年的时间里多次以非生命物体唤起自己的性冲动，从中获得满足和愉悦。此外，这种病态行为还要影响当事人的正常生活，甚至使他某方面的功能产生障碍，或者缺失。这样，我们才能有充分的理由判断一个人是否患了恋物癖，也才能以积极的态度帮助其摆脱这种病态，或者协助其进行专业的治疗。

就像在很多动物身上进行的实验那样，对待恋物癖患者，也可以采取条件反射的方式进行治疗。例如，在恋物癖患者再次靠近所恋的物品时，对其进行电击治疗，或者采取其他方法使其受到打击。这样一来，他就会渐渐意识到所恋之物是与痛苦的感受紧密相连的，从而让身体发生反应，在一段时间的强化之后，一看到所恋之物，就会感到非常痛苦，最终对其产生排斥，摆脱恋物癖的困扰。

认识异装癖

在《霸王别姬》中，扮演程蝶衣的程蝶衣娇滴滴哀怨地唱道：“我本是女娇娥，又不是男儿郎。”这句话让观众至今依然印象深刻，正是因为成功扮演了程蝶衣的角色，关于程蝶衣是同性恋的舆论才铺天盖地而来。程蝶衣虽然长得很弱小，被师傅安排扮演旦角，但是实际上他还是很大男子主义的，非常排斥这样的女性定位。然而，生活就是生活，戏剧就是戏剧，最终程蝶衣不得不屈服于师傅的安排，从此以旦角的形象出现在一出出戏中。渐渐地，他居然产生了性别错位，根本无法准确界定自己的性别。所谓戏如人生，人生如戏。当戏里戏外都混为一谈时，也难怪程蝶衣无法准确定位自己。更让程蝶衣感到恐惧的是，他居然开始迷恋扮演霸王的师哥，他真正成了霸王的虞姬。为此，他更加热衷于扮演虞姬的角色，因为唯有如此，他才能名正言顺地得到师哥的照顾和爱。直到师哥故意以玩笑话让他回到年少时的纯真，他才如梦初醒，意识到一切已经物是人非。

不得不说，程蝶衣的离去让无数粉丝扼腕叹息。每当出现在戏里，程蝶衣总是要穿上女人的裙子，戴上女人的华贵饰品。不过，这并非是恋物癖，而是演戏的需要。生活中有很多男人也喜欢穿裙子，甚至还有些男人最爱穿高跟鞋，这与程蝶衣女扮男装的初衷完全不同。不是戏子的这些男人，之所以喜欢穿女人的服饰，就是因为异装癖的驱动。

当然，并非只有男性有异装癖，很多女性也有异装癖。不过，现代社会男女平等，而且有很多服装都是中性的，性别特征没有那么明显，因而当女性穿着男性的服装时，并不会显得那么扎眼。试想，一个女人穿着西装短裤，和一个男人穿着苏格兰花裙，哪个更吸引你的眼球，哪个更让你觉得别扭和难以接受呢？在超女节目脱颖而出的李宇春，当年就是因为一身中性的打扮而出类拔萃，甚至吸引得很多女孩子都穿起了类似的中性服装。不得不说这是一场时装界的革命和潮流，而并非异装癖。

从本质上说，异装癖也属于恋物癖，只不过异装癖喜欢的并非某一件物品，而是服装。和恋物癖者一样，异装癖者之所以穿着异性的服饰，从心理学的深层来探究，同样是为了得到性的幻想和满足。举个最简单的例子，有些女性喜欢穿着男性又肥又大的衬衫，其实是在想象自己被高大威猛的男性抱在怀中，从而获得精神上的愉悦。男性呢，他们偷偷地穿着女性的裙子，心里一定也在幻想着与异性在一起温柔缠绵，从而获得生理和心理上满足。当小心谨慎地背着人穿着裙子已经不能满足他们的心理时，他们就会不顾一切地穿着裙子走上街头，引来无数人的瞩目。这反而刺激了他们的变态心理，使他们得到更大的满足。

案例一

很小的时候，因为妈妈想要一个女儿，所以在豆豆降临人世之后，妈妈便把提前准备好的很多小裙子都给豆豆招呼上了。直到豆豆三四岁时，妈妈还固执地给豆豆穿漂亮的白纱裙呢！渐渐地，豆豆产生了性别错乱，他甚至无法分清楚自己到底是男孩还是女孩。也因为一直被妈妈当成女孩来养，豆豆变得很女气。妈妈这才意识到问题的严重性，赶紧丢掉那些裙子，给豆豆换上男孩子的衣服。

案例二

在一个炎热的夏天，上海就像一个巨大的蒸笼，恨不得把每个人都蒸熟了。大街上人潮涌动，车辆川流不息。马上毕业的小梦正在找工作，几乎每天都搭乘地铁四处穿梭。她从散发着蒸腾热气的候车室进入凉气十足的地铁，觉得仿佛来到了天堂。那边正好有个空位，她赶紧走过去一屁股坐下来，终于可以休息片刻了。她吁了口气，开始观察周围的人。突然间，她发现自己的对面坐着一个很妖艳的女性，让人过目难忘。这个女性穿着超短的迷你裙，腿上是黑丝袜，脚上是一双尖尖的恨天高。这个装扮很劲爆，小梦情不自禁地把目光往上转移，突然发现这个女性的脸上脂粉很厚，还有细密的胡须。这真的是个女人吗？小梦继续观察对方的胸部，发现那完全是个模型。这时，小梦突然意识到这原来是个男人。果不其然，她在他的头上找到了波浪卷的假发。小梦突然间起了浑身的鸡皮疙瘩，唉，男人穿裙子招摇过市真的好吗？

第一个事例中，因为妈妈不当的教养方式，豆豆从小就习惯了女孩儿的打扮，甚至心理也发生改变，无法分清楚自己是男孩还是女孩。现实生活中，父母因为自身的喜好而给孩子不当的装饰，导致孩子出现性别错位的事情非常常见，要想从根源上杜绝这种现象的发生，父母一定要纠正观念。在第二个事例中，小梦突然见看到一个男扮女装的男人，惊艳之余，不由得产生厌恶的感觉。归根结底，社会的约定俗成对于人们的思想是有深刻影响的。尤其是对于两性之间，社会自有分工，也会有对于两性不同的要求和标准。

异装癖者往往是有心理问题的人。他们在生活中往往表现得谨小慎微，而且都会按照正常的人生程序成家立业，结婚生子。他们隐藏很深，有的时候就连他们的伴侣，也是在婚后经过长期的共同生活之后，才会发现他们的异常。

金星作为娱乐圈的名人，相信很多人都知道她。金星在接受变性手术之后，经历了巨大的痛苦，从男性变为女性，甚至还与另外一名成功的男士结婚了。在这里需要注意的是，金星是典型的异性癖，即她不能接受自己原本的男性本质，从根本上就认定自己应该是一名女性。为此，她不但穿着女性性感的裙子，而且还做了多次手术进行变性。相比之下，异装癖则只是喜欢穿异性的衣服，而没有真正想要由心到身地变成异性。这是我们需要认真区分的。

很多人都喜欢戴着有色眼镜去看这些心理和行为上出现异常的人，其实，这是完全不应该的。首先，这种态度对于心理异常的人往往会造成很大的伤害，使他们感到更加自卑，失去信心。其次，对于一个身体患有疾病的人，我们总是竭尽所能地关心，其实心理上的疾病也是疾病，并非患者故意为之，因而我们也应该以积极的态度帮助他们摆脱疾病的困扰，千万不要歧视或者排斥。

认识裸露癖

正常的人总是非常注意保护自己身体的私密部位，不愿意让其暴露在众人的注目之下。但是，当心理发生异常之后，那些心理扭曲的人却偏偏反其道而行之，他们总是故意暴露自己的私密部位，甚至以此追求刺激和快感。和偷窥癖、异装癖等一样，这也是一种怪癖，叫作“裸露癖”。顾名思义，裸露癖就是那些喜欢在公开场合暴露自己的身体，尤其是隐私部位的人。他们通过这样的方式，在别人看到他们的隐私部位时，得到生理和心理上的快感。因而，从这个角度来说，他们与恋物癖一样，也是发生了性欲倒错。如果恋物癖是以看到某物激发起自己的性欲，裸露癖则是以让别人看到他们的隐私部位激发起自己的性欲和冲动，获得快感。

有些晚下班的人，在独自行走夜路时，偶尔会遇到这样的裸露癖。这种情况下，最好对其视而不见，千万不要恶意辱骂他们，以免导致他们情绪激动，甚至做出冲动的犯罪行为。也许有人会表现出难以控制的恐惧、惊讶甚至愤怒，这只会刺激裸露癖患者，使其更加兴奋，因为他们觉得裸露的目的达到了。别人的各种厌恶表情在他们眼中就是一种欲望的表现，如果他们误以为你和他们一样充满欲望，后果可想而知。由于裸露癖患者的裸露行为导致很多人的正常生活受到影响，因而很多国家都明令禁止在公开场合暴露隐私部位，甚至将这种行为划入犯罪的范畴。曾经有犯罪心理学专家对性犯罪的罪犯进行过深入研究，发现其中的大多数人在最开始萌生犯罪念头时，都曾有过裸露的癖好。由此可见，如果任由裸露癖者继续发展下去，那就是养虎为患，会导致严重的后果。

当然，并非所有的裸露行为都与“癖”字相关。诸如在很多足球比赛上，球迷们因为喜欢的球队进球而过度兴奋，也会脱掉上衣，暴露身体。对于他们而言，这是一种发泄的方式，而并非病态的表现。所以，在现实生活中，我们一定要对暴露身体的发泄行为和裸露癖进行准确界定。只有准确判断裸露癖的行为，我们才能有针对性地对其展开治疗，帮助其恢复身心健康。

前几天下班，娃娃遇到了一个裸露癖。那天正好是娃娃的夜班，所以她直到晚上11点才下班，坐了最迟的一班地铁回家。下车之后，地铁的候车厅里空空荡荡的。娃娃远远地看到石柱下站着一个男人，很安静的样子，也就没有在意。当她越走越近，发现那个男人正对着她笑，便不由自主地多看了他几眼。这一看，她突然觉得满脸通红，血脉喷张。原来，那个男人正在猥琐地把阴部暴露在她的面前。娃娃愤怒极了，脸部都扭曲了，她环顾四周，发现空无一人，只有远处的地铁工作人员正在疲惫地准备下班。想到自己有可能无法及时得到援助，她只得低着头迅速走过，却控制不住自己的恶心。

走了很久之后，娃娃看到那个男人居然还在看着她笑，不由得狠狠地朝着他吐了口唾沫。不想，对方更加兴奋了，居然拿起阴部冲着她把玩起来。从此以后，娃娃只要再遇到上夜班的日子，都会让老公提前去单位接她，再也不敢一个人走夜路了。

这个事例中，娃娃遇到的那个男人就是典型的裸露癖。他趁着夜深人静的时候，对独自行走的女性暴露阴部，从而获得性的幻想和心理上的满足、愉悦。幸好娃娃还有一定的自我保护意识，没有在靠近那个男人的时候做出过激的举动，否则万一被他来个熊抱，就后悔莫及了。

对于裸露癖者而言，他们的目的就是把自己的隐私部位暴露在他人面前，如果他人对其视若无睹，也许他们就会寻找新的目标。但是如果他人反应剧烈，尤其是当女性受害者对于男性裸露癖表现出明显的愤怒或者厌恶时，非但不能使他们有所收敛，也许反而会使他们更加亢奋，甚至做出过激的冲动之举。

裸露癖并非是暴露就有快感，更多的情况下，他们的快感来自受侵害者的反应。当受侵害者的反应非常强烈时，他们似乎是舞台上的表演者有了忠贞不二的观众，因而会变得更加兴奋和躁动不安。既然了解了裸露癖的心理动机，我们也就找到了应对他们的方法，那就是视若无睹。

暴食症，进食不是享受而是折磨

所谓暴食症，顾名思义就是暴饮暴食。在医学上，暴食症被视为一种进食障碍，又叫“神经性贪食症”。患有这种病症的人，往往无法控制自己的食欲，就像一条贪吃蛇一样，不停地进食，直到咽不下去为止。但是与行为恰恰相反，暴食症患者都是很害怕发胖的人。在无限度地进食之后，他们又因为害怕发胖而采取不恰当的手段催吐，或者不顾后果地节食、进行超负荷的剧烈运动。在如此极端的行为下，他们的情绪越来越焦虑，因而更加陷入暴饮暴食和极度害怕发胖的恶性循环之中。日久天长，他们很难合理控制自己的食欲，也无法抑制地以各种方式清除进食的食物，最终导致身体和精神都受到极大损伤，甚至无法面对自己。

仅从这几句简单的描述来看，我们都不难想象暴食症患者的痛苦和纠结。进食，在很多时候对于他们而言已经不再是一种享受，而是对情绪的发泄，也是对自己的折磨。通常情况下，暴食症是过度紧张和巨大的精神压力导致的。心理学家经过研究发现，神经性贪食症患者中，有相当一部分患有抑郁症。由此可见，暴食症与忧郁等情绪是密切相关的。

大学毕业之后，丽娜进入现在这家公司工作。由于公司是世界500强企业，也因为深知自己没有后台更没有任何背景，丽娜的心理压力很大。她自从进入公司就一直在加班，几乎每天都要深夜才回家。刚开始时，她只是睡觉之前感到有些饿，想到自己也许是因为加班消耗太大，就会吃些小零食补充体能。后来，她在睡前想要进食的欲望越来越强烈，甚至有段时间，她每次加班之后都要吃两个巨无霸才能安抚自己的心灵，恢复心绪的平静。

就这样，短短的几个月时间里，丽娜的体重就迅速飙升，足足长胖了20斤。看到镜子里臃肿的身体，丽娜恐惧极了，她可不想就此成为一个胖子啊。然而，进食的欲望是那么强烈，她简直难以自制。最终，她想出了一个好办法，那就是在吃完很多东西之后，再把手指伸进喉咙深处进行催吐，这样一来既满足了她的食欲，也能够避免长胖。然而，一个月过去了，丽娜的体重丝毫没有减轻。她又开始节食，在整整一周的时间里不吃主食，只吃少量的酸奶和水果。眼看着脸色越来越苍白，她却依然没有瘦下来。这让丽娜痛苦不已。她的生活渐渐陷入恶性循环的怪圈中，每天晚上她都吃很多东西，满足自己的口腹之欲，又在临睡前进行催吐和剧烈运动，企图减肥。

当一个人每周至少两次进行这样的暴饮暴食和催吐行为，而且整个事件持续3个月以上，那么这就是暴食症无疑。很多心理学家经过调查研究发现，越是在生活和工作节奏都很快的大城市，暴食症患者越多，且都以年轻的女性为主。这主要是因为女性承受压力的能力较弱，而且她们更注重保持苗条的身材。如果想要避开暴食症的侵犯，女性朋友们一定要注意调节自己的心态，让自己始终保持轻松愉悦。

任何人在行为上的反常，都不会是无缘无故的。要想更加从容地面对生活，保持心态的健康至关重要。人们常说，民以食为天，进食不但是满足生存的所需，更是帮助我们获得口腹满足的重要方式。如果有一天进食变成一种折磨，那么活着也必然非常痛苦。所以，千万不要为了一时的畅快就暴饮暴食，更不要为了保持身材的苗条，就刻意以各种不健康的方法催吐。一旦这样的行为成为习惯，你的生活就会陷入恶性循环之中。

暴食症对于人身体健康和心理健康的危害显而易见。既然这种病症主要是因为患者的心理压力过大，那么要想从根本上解决问题，最重要的就是调整心态，让自己变得平静宽和。有位名人说，人最大的敌人是自己，只要我们能够战胜自己的内心，就没有什么能够打败我们。食欲，恰恰也是我们的本能之一，只有恰到好处地控制好食欲，使其成为我们健康生活的保障，我们的人生才会更加精彩。否则一旦进食成为噩梦，人生还有什么乐趣可言呢?

第03章　人的天性就是永不满足，所以要努力控制贪婪和欲望

提到欲望，我们不得不提奥地利著名的精神分析学家弗洛伊德，他的欲望论解释了人性的奥秘：人类是拥有丰富欲望的群体。遗憾的是，现实生活中并非所有欲望都能满足。无论如何，我们需要明白的是，人不能做欲望的奴隶，人是精神支配下的人，而不是器官支配下的人。一个能战胜欲望的人才是强者。因此，如果你正在行色匆匆地往前赶，那么，控制一下自己的欲望吧，过度地追求欲望应该适可而止了。有句格言道："无法得到渴望的东西时，就珍惜现在拥有的。""满足才是贤者之宝"，内心知足才会安定，才会幸福。

瘾，如何彻底拔掉心中的毒

每个人都有瘾，只不过表现的领域不同而已。有些人吃东西的时候嗜好辣味，嗜辣成瘾；有些人则喜欢甜味，爱甜如命；还有些人喜食酸的，当然并非因为酸儿辣女，而是天生就对酸的食物情有独钟；更有人喜欢苦的，看到苦瓜就流口水。仅就吃的这一个方面，每个人也都有自己的瘾，更何况生活的方方面面呢?

日常生活中，最常见的是烟瘾、酒瘾，普通人接触不到的是毒瘾。不管怎么说，既然沾上"瘾"字，那么大家就都成了瘾君子，被"瘾"字死死地控制住，无法自拔。所谓瘾，毋庸置疑，已经到了无法自控的程度。试想，一个人原本是自己命运的主宰，如今却因为对于某人某事某物沉迷不已，而仿佛有了把柄握在别人的手中，行动和决定都不能完

全凭借自己的意志，岂不是莫大的悲哀么！

当然，日常生活中的瘾和真正的毒瘾还是不同的。很多人都从电视上看过毒瘾犯了的人生不如死的样子，而有烟瘾、酒瘾的人程度则轻得多。虽然瘾上来了也很难受，但不会到活不下去的程度。诸如孩子爱吃糖，一旦想吃糖就会又哭又叫。随着年岁的增长，他们总会找到其他感兴趣的食物，而渐渐戒掉对糖果的迷恋。这也是瘾，却是可爱的瘾，甜蜜的瘾。和成年人相比，孩子的自控能力显然不足，因而他们对于某件玩具或者某种美味的食物上瘾是情有可原的。成人呢？尽管烟瘾不像毒瘾那么严重，但是面对每年都有100万人死于吸烟引发的疾病的数据，3亿多的烟民中只有不到20%成功戒烟，这个瘾看来也是遗患无穷啊！最可怕的是，每年还有10万人因为吸食二手烟失去生命，面对自己所爱的家人孩子，都不能控制烟瘾，可见烟瘾虽然不至于马上要命，也是一种贻害无穷的瘾。

为什么人们这么容易上瘾呢？现实生活中，如果你曾乘坐地铁，就会发现目之所及都是对手机上瘾的低头族；如果你家里有老人整日都要开着电视，否则就觉得没着没落的，这其实也是一种瘾。再想想那些因为沉迷于网络游戏而玩物丧志的年轻人，他们的瘾怎么就这么大呢？从物质和精神的方面来划分，“瘾”一种是针对物质的，一种是针对精神的。物质的瘾前文已经罗列了很多，精神的瘾却是容易被人们忽视的。现代社会，很多人都陷入了精神层面的瘾之中，诸如赌博、拖延症、过度依赖电视、迷恋网络游戏等，给人们的生活带来了很大的困扰。

皮特是一家房地产公司的经纪人，因为工作时间长，下班太晚，他已经养成了晚睡的习惯。为此，妻子总是抱怨不停，因为皮特的作息时间影响到了她的生活。她原本是早睡早起的，如今也因为陪着皮特一起晚睡，早晨很难按时起床，白天又因为睡眠不足而精神倦怠。

今天恰巧是皮特休息的日子，眼看着已经晚上10点钟了，在看完一个电视节目之后，妻子让皮特关灯睡觉。不想，皮特却不以为然地说："为什么现在就要睡觉呢！还不到12点呢！"注重养生的妻子听了皮特的话，感到非常懊恼，她气愤地说："中医上讲，晚上10点到12点是肝部休息的时间。你看看，本来因为你下班太晚，搞得咱们总是要到凌晨才能入睡。既然你今天休息，为什么不能早些睡呢？"皮特突然笑了，说："生活能不能有点规律呢？不能一天10点，一天凌晨1点吧？"妻子感到很无奈："人们都说生活要有规律，但指的是健康的规律啊！就像你现在这样，难道因为下班晚天天凌晨休息，那么在不上班的日子里，也就要保持这种不健康的作息时间，才算是有规律吗？"妻子的话把皮特绕晕了，但是他依然拒绝睡觉。他宁愿再看一个无聊的电视节目，也不愿意在10点钟就早早入睡。

在这个事例中，皮特就有精神上的瘾。他习以为常的作息时间，其实是非常不健康的，但是他却固执地坚持和遵守。这是因为他已经习惯了这样的生活规律，也不愿意改变。这实际上是一种精神上的惯性和依赖，尽管看起来危害性不那么大，但是对于人们的生活却有很大的影响。

曾经有心理学家经过研究发现，那些情绪上常常陷入焦虑不安的人，更容易产生精神上的瘾。他们惧怕改变，希望就按照现在所拥有的既定模式继续维持表面上的宁静，获得自欺欺人的快乐。天知道，他们所坚持的根本是不正确的，是早就应该淘汰和摒弃的。只有更加勇敢地面对生活的本质，迎接生活的挑战，人们才能摆脱精神上的瘾，为自己的人生创造奇迹。

瘾，真是一种神奇的东西。对于物质上的瘾，其实可以寻找替代物，就像有人戒烟时选择吃糖一样。对于精神上的瘾，既然其发源与精神紧张和压力过大有关，那么就应该采取更多的方式积极地放松自己的心情，而且要在自己沉迷于瘾中时能够果断地叫停。我们唯有成为自己精神上的真正主宰，才能摆脱对各种瘾的依赖。

欲望无止境，内心强大才能驾驭

在《农夫和金鱼》的故事里，好心的农夫放了金鱼一条生路，金鱼感激不尽，因而愿意满足农夫的愿望。善良的农夫表示拒绝，不想，他那贪婪的老婆子却想要得到很多。在金鱼一次又一次满足老婆子的贪婪之后，终于在老婆子提出最后一个愿望时愤怒了，收回了它对农夫夫妇所有的馈赠。在这个故事里，老婆子无疑是贪婪欲望的化身。她从拥有一个一贫如洗的家，到拥有宽敞高大的房屋，再到拥有宛如宫殿一样华丽的家，却从未感到满足。从老婆子一次又一次得寸进尺的表现上来看，我们不难得出一个结论，即欲望是无底的深渊，永远也填不满。

也许此时此刻你会说，如果谁让我拥有一幢别墅，我就会马上满足。那么当你真的拥有了一幢别墅，你会发现屋内的陈设不够完美，你还会奢望得到全套的欧式家具。如果你拥有了家具，你又会希望能拥有华美的服装，这样看起来才像是住别墅的富人。总而言之，欲望永远也没有止境，不会停留在你现在所说的“如果我拥有了……就一定会满足”的承诺上。

很多人因为自制力不够强，往往会为了满足欲望做出让自己后悔的事情。例如现在中央的反腐败行动，无数的贪官为此下马，他们都是被欲望征服的典型。一个人，如果能够在金钱名利美色等的诱惑下，始终保持自己的原则不动摇，那么他就是真正的强者。也能够成为命运的主宰。

很久以前，有一对母子相依为命，生活在深山老林里。母亲身体不好，根本不能承受繁重的农活，因而家里全靠着儿子王枉辛苦劳作支撑着。因为家里实在太穷，王枉一直没有讨到老婆。

有一天，王枉和平时一样去山里砍柴，突然间，一条身受重伤的花斑蛇出现在他的眼前，直直地瞪着他，似乎在寻求帮助。王枉不由得动了恻隐之心，把花斑蛇放到背篓里带回家中。他不但细心地给花斑蛇涂抹了草药，还用干草为蛇铺了一个小窝。母亲也是一个心善之人，每天都精心照顾花斑蛇。眼看着花斑蛇一天天好起来，母亲和王枉都很高兴。

有一天，渐渐复原的花斑蛇爬到院子里晒太阳，一见到阳光，它突然变得又粗又大，足足有几丈长，比房梁还要粗呢。母亲看到花斑蛇的样子，吓得尖叫一声昏死过去。王枉回家之后，看到母亲不省人事很是担忧。看到王枉担忧的样子，花斑蛇说："我今天把你母亲吓坏了，你现在赶紧从我身上剥下几块皮，再放在锅里熬汤，你母亲就会好的。"王枉当即表示反对，因为他不想伤害花斑蛇。无奈花斑蛇坚持要这么做，王枉只好答应了。喝下王枉用蛇皮熬制的汤之后，母亲果然醒了。眼看着花斑蛇的伤已经痊愈，它要离开了。一天晚上，它对王枉说："我要走了。为了感谢你的救命之恩，你可以挖下我的一只眼珠，它会变为夜明珠你把它作为宝物献给皇帝。这样，你们母子二人下半辈子肯定衣食无忧。”王枉照做之后，果然得到皇帝的奖赏，被封为高官，文武百官无不称奇。后来，因为皇后娘娘也眼馋夜明珠，皇帝便下令让王枉再找一颗一模一样的来。此时此刻，王枉做官做得已经非常贪婪，他当即带着卫兵去当初发现花斑蛇的深山里寻找。不想，花斑蛇不同意给王枉另一只眼珠，这时，急了眼的王枉拿起刀就要去挖花斑蛇的眼珠，却被阳光下张开血盆大口的花斑蛇一口吞掉了。

人心不足蛇吞象的故事相信很多人都听说过。故事中的王枉原本非常善良，即使剥下蛇皮救治母亲都觉得不忍心。后来，他因为把花斑蛇的眼珠献给皇帝，被封为高官，最终变得越来越贪婪，甚至想要强取花斑蛇的另一颗眼珠。最终，贪婪的他被花斑蛇一口吞到肚子里。这个原本已经改变了生活现状的人又失去了一切，包括生命。

生活中，因为贪婪而最终被毁灭的事例并不少见。真正的强者，总是能够合理控制自己的欲望。人们常说，贪字头上一把刀，这形象地说明了贪婪对于人的负面影响和毁灭作用。但是欲望在生活中并非绝对的一无是处。如果一个人能够合理地控制自己的欲望，就能够把欲望转化为前进的动力，以此为出发点努力改变命运。

欲望就像一把双刃剑，如果一个人被欲望驱使，成为欲望的奴隶，那么就会坠入无底的深渊。相反，如果一个人能够合理控制自己的欲望，成为人生和命运的主宰，那么就能够在命运的沉沉浮浮中游刃有余，把握命运，成为人生真正的强者。

无法控制的占有欲，其实是自私心理作祟

在大自然里，动物们喜欢用撒尿以留下气味的方式圈定自己的领地，从而向所有的同类宣告：这块地盘是我的了！人类虽然比动物具有更多的智慧，是更高等的生物，但是人类也同样喜欢圈地盘。在资本主义社会，第一次工业革命期间，圈地运动进行得轰轰烈烈，一个人一匹马，就决定了一个人的资本和身家。后来，人类文明不断发展，为了争夺土地资源，战争不断。对于个人的私有财产，人们明确意识到自己的占有权和支配权，也因此萌生出保护私有财产的强烈愿望。在法制健全的西方国家，把“私有财产神圣不可侵犯”写入宪法，成为全民必须遵守的严格法律条文。

当然，占有欲并非只表现在法律明令规定的方面，很多其他的领域，如感情方面，占有欲也往往表现得淋漓尽致。前文说过，人的欲望是永无止境的。不管在什么情况下，人的欲望都像无底的深渊，只有强者才能控制自己的占有欲，成为人生的主宰。反之，那些被欲望控制的人，则会因为贪得无厌让生活变得被动，也会因为欲望驱使下的强烈占有欲而导致自身更加疯狂。众所周知，爱的本质就是自私的占有。没有人愿意和任何人分享自己的爱情，还有些人在强烈占有欲的驱使下，恨不得掌控爱人的一切。殊不知，占有欲能够表现出深切的爱，也会让爱人感到窒息，甚至使爱人产生逃离的愿望。任何事情，只有把握好一定的度，才能起到积极作用。

若琳和男朋友阿峰是大学同学。从大二开始，他们就陷入爱河，尽情享受着爱情的甜蜜滋味。学生时代的生活相对简单，因而他们几乎每天都黏腻在一起，从不分离。然而，毕业之后，若琳却觉得爱情渐渐变

了滋味。

原来，毕业之后的若琳和阿峰并不在同一个公司工作，因而阿峰几乎每天都要发好几条微信给若琳，询问她此时此刻在做什么。若琳初来乍到，很想把工作做好，却因为阿峰无时无刻的关心，精力受到很大的牵扯。有的时候若琳正在开会，无法回信息，阿峰在发微信无应答之后，就会马上打电话过来质问。

一天晚上，若琳的主管邀请全部门的人一起去吃饭、唱歌，若琳便告诉阿峰自己可能要晚一些回家。晚上10点，正是夜生活刚开始的时候，若琳正在兴高采烈地和同事们推杯换盏呢，阿峰就打电话来问她什么时候回家。若琳有些不愉快，说："饭还没吃完呢！一会儿还要去唱歌！"阿峰有些不满，嘟囔着说："你可要注意安全啊，告诉我唱歌地点我去接你吧！"若琳不耐烦地说："好啦，这么多同事在一起呢，不会有事情的。而且地点是主管定的，我也不知道呢！"打发完阿峰之后，若琳不好意思地对正等着她干杯的同事说："不好意思啊！"让若琳没想到的是，刚刚过去半个小时，阿峰的电话就又打来了："若琳，我刚刚在电话里听到很多男人的声音，你们部门全都是男同事吗？是不是只有你一个女孩子？"若琳很尴尬，说："当然不是，我们主管就是女的。你别操心了，好么？"阿峰迟疑地说："要不，你让你们主管跟我说句话，行吗？"若琳突然觉得浑身的血都涌到了头上，她愤怒地挂断电话。随后阿峰再打来的电话，若琳一个都没有接。等到凌晨两点多回家时，若琳拿出手机看了看，发现有50几个未接来电。若琳愤怒极了。她回到家里，发现阿峰正面色沉重地坐在客厅里等她，不等若琳说什么，阿峰就突然间暴跳如雷，冲着若琳歇斯底里地喊。因为若琳也满腹怒气，最终他俩不仅吵了起来，而且动起手来，闹得不欢而散。此时，若琳意识到阿峰是一个占有欲很强的人，后来他们又因为类似的事情吵过无数次。不得已，若琳提出了分手。

在这个事例中，阿峰显然是一个占有欲很强的人。在现代职场上，同事们一起出去聚餐、唱歌是很正常的人际往来，如果连这一点都被爱人控制，那和失去人身自由又有何区别呢？对于崇尚自由的现代人而言，让人窒息的爱情同样无法忍受。

其实，爱情中的占有欲很常见，绝大多数人对于爱情的态度都是自私的。但是任何事情都要把握合适的度，只有适度，才能给爱情增添更多的美好，而不会事与愿违地让爱情消失。通常情况下，普通人对于爱情的占有欲表现在“吃醋”上，因为他们不能容忍爱人和其他的异性有过于亲密的行为，更不愿意和他人分享爱人。这样的心理是完全正常且健康的，无须紧张。所谓强烈的占有欲，就是哪怕爱人与其他人进行正常的人际交往也不允许，严重影响爱人的生活和工作，甚至达到了变态的严重程度。由此可见，我们要学会控制自己的占有欲，也要对爱人的生活和工作给予应有的宽容和理解。

由于男人和女人的生理以及心理都存在很大的区别，所以男人和女人在占有欲的表现方面也是不同的。例如很多女人都心思细腻，因为她们除了要求男人不能和其他异性亲密接触和交往之外，还会要求男人经常抽出时间来陪伴她们，关注她们的情感和兴趣。相比之下，男人的占有欲则显得直截了当，非常纯粹，他们通常要求女性远离其他异性，而不关注女性是把大量时间用于陪伴他们，还是更喜欢逛街或与闺蜜约会等。

无法控制的购买行为，其实是购物成瘾

对于烟瘾、酒瘾、毒瘾等，很多人都给予了极大的关注，尤其是身边有这些瘾君子的人们，更是对此展开深入研究。相比之下，购物瘾则显得隐蔽得多，看起来危害也不那么大。但是现实状况却让人担忧，尤其是从网络大肆流行开来之后，网购成瘾的人越来越多，很多人都因此严重影响了正常的生活。

记得曾经看过一个关于购物狂的电影，女主角只要觉得有压力，或者郁闷，就会马上去购物。她不停地刷信用卡，甚至还会跟朋友借钱血拼。如果说去商场需要时间成本，那么网购则显得更加容易。只要打开电脑动动鼠标，就能把大把的钱花出去，这岂不是更加轻松畅意吗？尤其是网上的海量商品完全能够闪瞎人的眼睛，让人目不暇接，恨不得马上把它们尽收手中。如此一来，有多少工资才够花呢！由此可见，最彻底的解决办法不是挣更多的钱，而是努力控制自己的购物欲望，让自己合理消费。

通常情况下，购物狂并非真的喜欢某一件商品，他们只是喜欢占有那些琳琅满目的商品的感觉。很多时候，他们购物的理由非常简单，哪怕只是因为喜欢一个商标，他们也会选择把一件商品买回家束之高阁。大多数购物狂女性，并非会把自己买到的每件衣服都穿一遍，喜欢冲动消费的她们，甚至在把衣服买回家之后连看都不看一眼，就会挂到衣柜里雪藏起来。时间久了，她们甚至会忘记自己拥有哪些衣服，等到了商场的时候，再次控制不住地狂买，而丝毫不管自己是否真的需要这些衣服。从心理学的角度来说，这无疑是一种病态的表现。

自从加入购物群之后，乐妈就变成了不折不扣的购物狂。虽然这个

购物群里的群主发布的往往是优惠商品的信息，买到就相当于赚到，而且商品的总价也并不是很高，但是如果一天马不停蹄地买下来，大几百元钱就不知不觉地花出去了。

这不，今天一大早，群主就发布了大宝的优惠信息。一想到秋天来了，老公马上需要护肤品，乐妈赶紧花6元多钱买了一个200毫升装的大宝。这个大宝在超市里得十几元钱呢，乐妈沾沾自喜，觉得自己省了10元钱。后来，群主又发了纤丝鸟和北极绒的羊毛袜促销的信息，10双袜子只要十几元，乐妈马上又下了两单袜子，给儿子，给妈妈，也给自己。就这样，又是30几元钱花出去了。后来，群主突然说今天的牛排便宜，因而乐妈马上毫不犹豫地买了一单牛排，100多元。至此为止，她一分钱还没挣到了，就已经花了200多元。

下午，乐妈一直在专心挣钱。然而，到了晚上，群里的人都在讨论雅鹿羽绒服。原来，雅鹿羽绒服参加天猫的淘抢购，价格很便宜，最重要的是还可以用五折的券，这样一来，简直太便宜了。思来想去，看着群友们讨论得热火朝天，乐妈心里长草，又买了件羽绒服，花了200多元。如此一天下来，乐妈已经花了四五百元钱了。

几乎每天，乐妈都是在一边工作一边网购中度过。少则一天花100多元，多则一天花四五百元。这样下来，乐妈每个月挣得七八千元钱，几乎全部用于网购了。现在，乐妈几乎形成了条件反射，只要群主发布的是便宜的东西，她又不排斥，就会马上买。有的东西虽然马上用不着，她也会买了之后囤起来，以备不时之需。虽然乐妈也知道自己已经网购成瘾了，但是她就是控制不住。为了安慰自己，她只得说："哎呀，我买的都是超级便宜的好东西，而且有很多都是给家人买的，我是一个贤惠的家庭主妇！"

在这个事例中，乐妈是典型的购物成瘾者。尤其是足不出户就能买到很多物美价廉的东西，让她更是欲罢不能。从另一个方面来说，她也喜欢上了这种占便宜、捡白菜的感觉，是占便宜的欲望驱使着她不停地购买群主推荐的便宜东西。在这种情况下，她的购物瘾只会愈演愈烈。

通常情况下，大多数购物狂都是女性。因为女性的心理比较脆弱，既要照顾家庭又要兼顾工作，难免承受巨大的生活压力。为了排解压力，她们往往会选择用购物的方式进行宣泄。此外，有些女性因为精神上感到孤独，动不动就去商场血拼。例如那些有钱但是孤独寂寞的小三，她们付出了自己的青春，却忍受着无聊乏味的生活。除了钱之外，她们几乎一无所有，更没有得到男人真心的爱和全心的陪伴。在这种情况下，她们只能通过购物来填满内心的空虚。当然，乐妈与这些人的初衷都不相同，作为一个操持全家人生活起居的女性，她必然要照顾老的和小的，还要顾及老公方方面面的需要，因而就养成了购物的习惯，最终出于占便宜的心理而成瘾。不管哪种原因，购物成瘾都会让我们的生活入不敷出，因而我们必须理智地反思自身，让自己更加理性地消费，从而更加合理地规划生活。

常言道，吃不穷，穿不穷，算计不到一世穷。在现实生活中，很多人都喜欢吃吃喝喝，还爱穿时髦的衣服，这其实是人们对于生活的追求，无可厚非。但是消费是永无止境的，世界上琳琅满目的商品层出不穷。就以手机为例吧，如今手机更新换代的速度非常之快，如果你不停地追求新产品，在几个月的时间里就淘汰一部手机，这就不是对生活的追求，而是对金钱的极大浪费。如果把这些钱拿来做些更加有意义的事情，一定能够改变你的生活，给你带来长远的收益。尤其是对于女人而言，一个家庭要想过好日子，主要就是靠女人精打细算，合理安排开支。如果你是不会算计的女人，只会浪费钱，那么日子必然紧张，还会走下坡路。从现在开始，就让我们好好算计算计吧，只有算计到了，才能让金钱发挥最大效益，也才能让我们的生活越过越好。

网瘾，吞噬了多少青少年美好的时光

随着网络的普及，越来越多的人对网络产生依赖。尤其是喜欢打网络游戏的青少年，网瘾则更加严重。需要注意的是，并非是喜欢上网就可以称为有网瘾，这是很多人的误区。喜欢上网与有网瘾有着本质的区别，毕竟如今工作、娱乐等很多事情都离不开网络。那么，怎样的情况才叫有网瘾呢？专家认为，如果一个人每天出于非工作和学习的目的，至少上网6个小时以上，且持续时间超过3个月，才能称之为网瘾。和烟瘾、酒瘾、毒瘾等会对身体健康造成严重影响不同，网瘾对人的恶劣影响显得更加隐蔽。但实际上，网瘾已经被界定为一种心理疾病，必然对人的生理和心理健康产生严重影响。例如，长期久坐上网的人，因为血流不畅，很容易导致血栓的形成。再如，如果一个人沉迷于网络，就会对于外界的反应越来越淡漠，甚至产生与人交往的障碍，严重影响正常的工作和生活。在这样的情况下，必须对于网瘾患者进行及时引导和治疗，才能避免情况继续恶化。

为什么很多青少年都沉迷于网络呢？既有外在原因，也有自身的内部原因。这里我们主要讲述外在原因。所谓外在原因，就是孩子们成长的环境，包括家庭环境和社会环境。很多父母因为忙于工作，总是无暇关注孩子的心理发育，觉得只要给孩子吃好喝好，其他就不用再管了。

其实对于处于青春期的孩子而言，拥有健康的心灵更为重要。此外，社会环境的恶化也是对孩子的不良诱惑。社会上有很多黑网吧肆意营业，根本不能对上网的人进行正规的管理。还有些失学的孩子因为无处可去，网吧也就成为他们的避难所。从这个方面来说，必须以家庭教育和社会教育相互配合，才能更好地帮助孩子们戒除网瘾。如今，社会上还有一些专门帮助孩子戒除网瘾的学校，其水平和资质良莠不齐，关于孩子死在戒除网瘾的学校中的新闻时有发生，父母千万不要为了省事就不负责任地把孩子送到其中，必须引起足够的重视。

自从父母离婚后，李楠就跟随爷爷奶奶一起生活。爷爷奶奶年纪大了，不但无法辅导李楠的功课，在很多方面也管不了他。渐渐地，正处于叛逆期的李楠脱离了生活的轨道。学校里有几个小混子退学了，李楠几乎每天放学后都与他们混在一起。时间长了，他开始逃学，和那些小混子一起去网吧打游戏，通宵上网。后来，他索性不去学校了，每天都从家里拿钱去网吧。为了得到那几个小混子大哥大的照顾，他还从家里偷钱，给他们买好吃的好喝的。

直到老师把电话打给李楠远在美国的爸爸，爸爸才知道他的现状，赶紧从美国飞回来，却发现半年不见，李楠像变了一个人似的。原本健康强壮的李楠现在脸色苍白，似乎大病初愈。最重要的是，那个活泼开朗的李楠不见了，现在的李楠变得非常沉默，也不愿意与人交流。这时，爷爷奶奶才告诉爸爸，李楠几乎每天都从家里偷钱，爷爷奶奶每个月七八千的退休金，几乎有大半都被李楠花了。因为害怕爸爸担心，他们从来不敢说。看到李楠的样子，爸爸心痛不已。他决定带着李楠一起去美国，但是李楠坚决反对："我可不和你去美国，我在美国有没有朋友。"无奈之下，爸爸只好辞掉美国的工作，回来陪伴李楠。面对李楠严重的网瘾和已经成为习惯的偷窃行为，爸爸找了份清闲的工作，每天都抽出大量时间陪伴李楠。在爸爸的引导下，李楠每天上网的时间都在减少，逐渐开始喜欢和爸爸一起去爬山、远足的户外运动。

因为父母的离异，李楠的生活也发生了翻天覆地的变化。跟随年迈的爷爷奶奶一起生活，还缺乏自控能力的他又恰巧处于叛逆期，因而生活不知不觉脱离了轨道，走了下坡路。幸好爸爸及时回国陪伴，才让他迷途知返，渐渐戒掉网瘾，迎接新生活的到来。

生活中，很多青少年之所以沉迷于网络，除了自身的原因之外，家庭生活的影响也是非常大的。如有些单亲家庭的孩子往往内向自卑，更喜欢从虚拟的网络世界中寻找自尊。此外，父母的言传身教作用也不可忽视，有些父亲自己就很喜欢玩网络游戏，也就成了孩子的坏榜样。其实，所有事情都是有利有弊的，如果一件事情过度发展，就会转向反方向。相反，有自制能力的人能够很好地控制自己，从而让网络变成辅助自己学习和工作的有力工具，也能够让其成为有效的休闲和娱乐方式。

任何精神或者感情的寄托，都不如父母对孩子的爱，这是最好的陪伴。对于青春期的孩子，父母一定要给予足够的耐心和陪伴，这样才能帮助孩子的身心健康发展。否则，一旦孩子沉迷于网络的世界，甚至形成戒除不掉的瘾，就会导致孩子的人生发生巨大的转折，影响孩子的一生。

酗酒，让你的人生混混沌沌

中国的饮食文化千古流传，源远流长。因为饮食文化的盛行，酒文化也迅速地发展起来。尤其是随着社会的发展，人们生活水平的极大提高，很多人都对酒情有独钟。民间有句俗话说，酒是粮食精。稍微好些的酒，都是纯粮食酿造的，不仅拥有浓郁芬芳的气味，饮酒之后在酒精的刺激下，人们还会感到心情舒畅，精神振奋。所以，在全世界各个国家，酒都是最受欢迎的饮品。而且，科学家们经过研究也证实，适量饮酒不但对身体无害，反而能够活血化瘀，强身健体。然而，凡事皆有度，如果饮酒过度，人的神经就会受到酒精的强烈刺激，长此以往，还会对酒精形成强烈的依赖，导致精神萎靡，甚至危害家人和社会。

如果一个人每天都要饮酒，而且每个月饮酒的总量超过六七公斤，那么其体内的酒精含量就会高达3000毫升，就是酗酒。或者每天饮酒超过两次，虽然偶尔会间隔一两天，但是每次都喝至少200毫升，也是酗酒。长期饮酒，人们的神经就会渐渐麻痹，甚至失常，最终无法控制自己的理智，无法保持清醒，在神志迷乱中做出伤害家人、危害社会的事情。由此可见，酗酒带来的危害是非常大的，首先对于酗酒者的身体是极大的伤害，其次会给酗酒者的家庭带来不稳定因素，给家人带来痛苦，如果走到公共场合，还会危害公共安全。因为长期过量饮酒变得疯疯癫癫时，酗酒者就会失去朋友，导致人际关系缺失，因而越来越自我封闭。有些酗酒者，常常喝酒之后就会闹事，甚至还会因为对酒精的过度依赖，通过各种卑劣的手段偷酒喝，骗酒喝，或者喝含有酒精的其他制品。如此不顾后果的极端行为，必须采取积极的治疗手段，及时制止和纠正。

娜娜从小就很自卑，因为她的爸爸是个酗酒者。从有记忆开始，娜娜就知道爸爸爱喝酒，而且喝多了酒就会和妈妈吵架，激动的时候还会打妈妈。记得娜娜四五岁的时候，有一次爸爸因为喝醉了酒，居然拿起打火机把枕头套点着了，说要把家烧了。当时，娜娜和爸爸妈妈住在爸爸单位的一间宿舍里，娜娜看着熊熊燃烧的火焰，害怕极了。妈妈一边和爸爸厮打，一边把着火的枕头套放到床前的尿盆里灭火，娜娜则尖叫着打开门栓，冲进电闪雷鸣的雨夜。当时大概10点多钟，娜娜虽然很怕黑，但是更怕疯了一样的爸爸。她光着小小的身体，在冰冷的雨水里跑了几十米，到了平日里与妈妈交好的一个阿姨家，使劲地砸门。这个情形，直到成年之后，依然徘徊在娜娜的脑海中。

后来，娜娜大学毕业后去了上海，因为不放心妈妈一个人对抗酗酒的爸爸，她在工作稳定之后，特意把爸爸妈妈都接过来与她一起生活。然而，随着年岁的增长，爸爸的酗酒丝毫没有减轻，反而变得越来越严重了，娜娜和妈妈只得一起严格控制爸爸的饮酒量，由于爸爸每顿饭都要喝酒，所以她们每次只给他100毫升白酒。然而，爸爸上来了酒瘾，就会四处偷酒喝。无奈之下，妈妈和娜娜只好与爸爸玩捉迷藏，家里几乎每个隐秘的角落都变成了藏酒的地方，而且妈妈也不敢给爸爸任何零花钱。有段时间，原本表现还不错的爸爸突然间每天都醉醺醺的，且眼珠子直愣愣的，看起来很吓人。妈妈想不明白爸爸是从哪里偷到酒的，因为藏起来的酒壶里的酒没有减少。直到有一天晚上，爸爸疯了一样地打人砸东西，妈妈才发现原来爸爸把家里用来消毒的一瓶医用酒精偷着喝了。看着爸爸着魔的样子，娜娜想把他送去医院戒酒，但是爸爸清醒之后坚决不去。就这样，若干年来，娜娜和妈妈不得不承受着家里有一个酗酒者的痛苦，过日子总是提心吊胆的。

直到爸爸60岁那年，被医生诊断为食道癌前病变，且病变部位足足达到18公分，爸爸这才收敛了喝刺激性高度白酒的行为，改喝啤酒。从此，虽然爸爸偶尔还是会因为应酬喝醉，但是至少不再酗酒了，家里的生活才算恢复平静，娜娜也终于松了口气，压在心上这么多年的大石头总算掉下来了。

在这个事例中，爸爸是典型的酗酒者，而且症状非常严重。对于酒精的依赖，居然使他不顾生命安全去喝医用酒精，简直让人震惊。那么，为何爸爸会变成酗酒者呢？通常情况下，酗酒是有遗传性的。这是因为人的体质往往有遗传性，而当酗酒者出现严重症状，其实就是发生了酒精中毒。因而，遗传了长辈容易酒精中毒体质的人，也很容易发生这样的情况。其次，朋友们都知道，商场上的应酬是非常多的。在中国，历来有无酒不成席的说法。即不管是别人宴请你，还是你宴请别人，如果没有酒，似乎就少了宴席的精华和灵魂。如此一来，酒风盛行。还有些人酗酒并非出于以上两个原因，而是因为自己的心理。生活总是不尽如人意的，如果一旦遇到不高兴的事情就不停地喝酒，长此以往，就会习惯于在酒精的麻痹中寻求逃避，最终养成酗酒的习惯。总而言之，酗酒者大多数是心理上缺乏自制能力的人，他们对于酒精的诱惑无法抗拒，因而对酒精越来越依赖。

不管什么情况下，酗酒者对于家庭而言都是一场噩梦。娜娜从小就感到自卑，正是因为爸爸酗酒引起的。试想，对于一个四五岁的小女孩而言，能够赤身裸体地跑进电闪雷鸣的雨夜，这是多么深重的痛苦啊！后来，娜娜为了照顾妈妈，不得不和妈妈一起面对爸爸的酗酒，心里始终都像是压了一块沉重的大石头。假如你也喜欢喝酒，或者你也是一个酗酒者，请不要再那么自私，把自己一时的快意建立在家人的痛苦之上是万万要不得的。

酗酒者在深度酒精中毒之后，也许会于睡眠中发生昏迷，甚至使生命受到威胁。即便没有昏迷，他们也往往记不清楚自己在醉酒之后做了什么。当看到触目惊心的残局时，他们也许会感到片刻的内疚，但一旦酒瘾犯了，就又会不管不顾。如果想要帮助酗酒者戒掉酒瘾，最好的办法就是家人一定要坚定原则和立场，强制酗酒者保持清醒，并且严格控制酗酒者的饮酒量。等到情况稳定了，再逐渐减少其饮酒量，如此循序渐进，直到最终戒掉酒瘾。虽然说起来只是简单的几句话，但是做起来却很难，这一点只有酗酒者身边的人才深有体会。

第04章 妄想型、偏执型人格：认清内心才能更好地面对未来

妄想型和偏执型人格是人格障碍的一种，是从人格的变态的角度来阐述人的心理现象，也就是说，偏离正常人的认知、情感和行为，这种正常曾经是独特而相对稳定、统一的心理特质。妄想是一种思维信念。偏执是一种偏离了常态的执着，偏执型人格障碍的核心是猜疑和偏信，可以说某些偏执型人格障碍有可能有被害妄想的思维信念。人格需要长期才能形成，形成后很难改变，同理，人格障碍的形成也需要较长的时间且保持一定的稳定性，而妄想成为一种病症才称之为妄想症，但总得来说，对于妄想型、偏执型人格，一定要认清内心才能更好地面对未来。

游走在现实和幻想之间，严重影响人们的生活

现代社会的压力越来越大，不但生活节奏紧张，工作强度也大大增强，在这种情况下，很多职场人士都出现了幻听情况。尤其是对手机的高度依赖，使得他们常常觉得手机正在铃声大作，实际情况却是手机老老实实、安安静静地躺在那里呢，根本没有所谓的电话、短信或者微信的铃声。如此长期下去，当事人必定感到万分疲惫，甚至每时每刻都无法控制住自己想要看手机的冲动。和视觉、味觉方面的虚幻相比，现代社会的幻听是最为严重的。遗憾的是，很多人都对此习以为常，并不觉得自己已经呈现出病态，也因此导致很多人的幻听越来越严重。还有些人的幻听则不仅仅是关于手机的，他们甚至时常听到有人在对自己窃窃私语，或者听到其他人在喊自己的名字，回过头去却什

么也没有。

当幻听发展到一定程度时，人们会分不清自己是在幻想之中还是在现实之中，不但生活受到影响，工作效率低下，而且精神恍惚，渐渐地无法集中注意力。从某种意义上可以说，如果一个人的五官感觉被分裂的精神所掌控，那么他们的世界将会变得更加模糊和混乱。

作为“天才和疯子”的合体，那什的成就让世界为他感到骄傲，但是他严重的幻觉也深深影响着他的生活。为此，很多人都说他既是天才，也是疯子。1958年，《财富杂志》把那什评价为新一代天才数学家，可想而知他对全人类的贡献多么大。然而，就在那一年的秋天，那什出现了严重的异常，导致他的行为越来越古怪。他觉得日常的报纸上每个字母都有深刻的寓意，他害怕自己会被强制要求服兵役，他觉得可以用数学公式表达世界上的一切事情，还认为应该成立一个掌控世界的政府。他的精神越来越恍惚，他活在现实和幻觉的夹缝中，终日痛苦不堪。最终，他因为无法控制自己的精神和思想而被送进精神病院。幸好他的妻子始终对他不离不弃，在他出院之后，妻子和他的好友们一起通力照顾他，将他留在了普林斯顿大学。

在普林斯顿的大学校园里，很多师生都曾看到那什的身影。他面色蜡黄，身形消瘦，总是穿着一双拖鞋，漫无目的地在校园里徘徊。他的手里还经常拿着笔，以便随时记下脑海中灵光闪现的数学命题。很多老师和学生都说他是校园里的幽灵，其实他们并不是在贬低他，而是无限惋惜这个疯了的数学天才。他们每个人都很爱戴那什，因而那什在校园里是非常自由的，没有人会抱怨他的四处行走打扰了别人。最终，那什在妻子和朋友的关爱和持续的治疗下，渐渐从幻觉中苏醒过来，成为一个平静安详的老人。

那什的病症是典型的精神分裂。作为数学天才，他始终沉浸在自己的世界里，满脑子想的都是数字。在发病最初，他先是出现幻觉，随着幻觉铺天盖地而来，他根本无法控制自己，现实生活渐渐被挤了出去，幻想占据了他的头脑。起初，他并不能区别幻觉和现实，因而病情越来越严重。后来，是妻子和朋友坚持陪伴他，最终帮助他痊愈。现实生活中，很多这样的患者并不能得到及时有效的治疗，这也是他们的病情越来越严重的原因。还有些精神分裂的患者会自残，或者残忍地伤害身边的亲人朋友，让人不胜唏嘘。

由于精神分裂患者根本无法分清无处不在的幻想与现实，很多国家的法律都规定精神分裂患者不需要承担法律责任。精神分裂患者的生活是非常痛苦的，因为他们不知道哪些是真实，哪些是虚幻，也不知道哪些人是可以依靠和给予他们帮助的，更不知道哪些伤害是根本不存在的。从辩证主义的角度看，精神分裂的患者是生存在自己的无意识之中的，他们不能成为自己的主宰。很多天才的经历告诉我们，那些天赋异禀的人，往往具有精神分裂的倾向，或者已经是精神分裂患者。对于他们，身边的人一定要给予足够的关爱、耐心和照顾。唯有如此，才能帮助他们的心灵渐渐愈合，减轻症状。

现实与幻想，谁是真实，谁是虚幻，这让精神分裂患者陷入无尽的痛苦之中。如果你的身边恰恰有这样的人，最好的办法就是用爱去包容他们，给予他们足够的耐心和忍耐，再辅以及时有效的治疗，这样才能避免刺激他们的症状加重，使他们的症状能够得到缓解和痊愈。

敏感多疑，如何能接纳和融入世界

如果你不管和谁接触，都觉得对方对你居心叵测，那么你一定是患上了社交恐惧症和多疑症。毫无疑问，人是群居动物，每个人都无法脱离社会生活而存在，如果一个人因为多疑而无法与任何人相处，就像是把自己禁锢起来一样，根本没有办法展开生活。日久天长，他们必然变得自我封闭，离群索居，以逃避现实和臆想中的伤害。

很多恐惧社交和外界社会的人，表现并非相同。有些人是单纯害怕与人相处，有些人则是因为敏感多疑，总觉得他人的每一句话都别有用心，或者觉得自己无论哪句话说不好都会招致大祸，最终导致越来越闭塞。还有些人呢，就像前文所说的被迫害妄想症患者一样，始终觉得别人居心叵测，为了保护自己而躲避起来。而很多犯罪心理学家经过研究发现，大多数罪犯犯罪并非偶然，他们都是喜欢离群索居的人，而且对他人和社会都满心怨恨。因而，我们在生活中应该多多留意自己的心理动态，而且要更多关注身边的人，避免这种不良倾向的发生和演变。

静静是个非常内向文静的女孩，也很自卑柔弱，她很沉默，几乎很少说话。从小，静静的家庭环境就不好，因为她的爸爸是个酒鬼，而她的妈妈则是个怯懦的女人。每次爸爸喝醉了酒，总是搅和得家里鸡犬不宁，而静静呢，和妈妈不是挨打就是挨骂，她觉得家简直变成了人间地狱。就这样，静静在毫无安全感的家庭环境中长大，变得非常自卑胆怯。

后来，静静开始上学了，虽然学习成绩很好，但是依然觉得自己抬不起头来。她总是觉得，身边的每一个人都知道她有一个酒鬼爸爸，都知道她有任何事情都不能指望酒鬼爸爸为她撑腰。有一次，静静被老师留在学校出黑板报，没有时间回家吃晚饭，爸爸就给静静送来了晚饭。当时，静静家里的生活条件很苦，一日三餐也都吃得很简单，不过爸爸却给她送来了一张夹着肉丝的饼，还有一盒八宝粥。然而，当静静看到爸爸的时候，觉得很生气。原来，爸爸是喝得醉醺醺的来的，静静恨不得找个地缝钻进去，她为有这样一个爸爸而觉得耻辱。当同桌问她："静静，原来你爸爸是医生啊？"静静瓮声瓮气地嗯了一声，就再也没有回答。渐渐地，静静的性格越来越孤僻，很多要好的同学之间会相互邀请回家里玩，但唯独静静和每个同学的关系都很疏远，也从来不会邀请同学到家里玩。直到长大成人，静静也依然非常孤僻，和同事们的关系也无法处理得很好。这严重影响了静静的生活和工作，使她非常苦恼。

在这个事例中，静静因为极度的自卑变得非常敏感多疑。她之所以封闭自己，不敢与同学相处，更不敢邀请同学去家里玩，就是因为害怕同学们知道她有一个酒鬼爸爸。的确，每个人在年幼的时候都要倚靠爸爸妈妈的保护和照顾，尤其是爸爸，更是以家庭顶梁柱的身份出现。如果在一个家庭里，爸爸是不能倚靠的，甚至还给家庭生活带来不稳定因素，则孩子的成长一定会受到影响，不但缺乏自信，而且时常感到不安。

对于任何人而言，人际交往都是必不可少的。我们不但通过与人交往来发展情谊，帮助自己摆脱孤单，也通过与他人的交流和沟通获取很多有用的信息。尤其是在信息大爆炸的现代，如果一个人总是生活在闭塞的环境中，后果简直不堪设想。从现在开始，就让我们给予他人足够的信任，打开自己的心扉吧！相信，你一定能行的！

因而，我们在生活中一定要多多关注自己的心理状态，如果不愿意与人交往的情况出现，必须引起足够的警惕。人，脱离了社会的群体是无法很好地生存的。从这个意义上来说，我们应该打开心扉，接纳并且融入整个世界。

没有绝对的完美，何必苛求自己

绝对的完美主义会使人们变得异常偏执，根本无法接受人生的些许瑕疵。其实，这个世界上根本没有绝对的完美，也不会因为多了你努力争取的完美，就有多大的改变。既然如此，我们为何要与自己较劲呢？在这个世界上，每个生命都是完全独特和独立的个体，有理由拥有和保留自己的十足个性。因而，聪明人不会处处苛求自己，更不会违背本性勉强自己。他们更加顺遂地对待人生，也更加从容坦然地接受不完美的自己。否则，一旦完美主义者陷入对完美的病态追求中，当对自己有诸多不满意却无法改变时，就很有可能采取极端的手段和方式，最终导致自己濒临崩溃的边缘。诸如张国荣、三岛由纪夫，都是在人生的巅峰时段遭遇发展的瓶颈，因为无法突破自己，最终选择以自我了断的方式解放痛苦的心灵。

大学毕业后，林刚虽然没有考上研究生，但是拥有了一份人人羡慕的工作。对此，大家都以为他一定很满足，却不想他始终为此而烦恼。他的理想是考上研究生，然后读博士，进入中科院工作。无疑，这是一条辉煌的路，但却不会因为他主观的渴望就轻而易举地实现。

进入公司之后，林刚工作上很努力，却始终郁郁寡欢。有一次，林刚负责策划的广告方案在全国的比赛中获奖了，这让他更觉得自己才华横溢，却注定要被湮没。为了改变命运，林刚开始一边工作，一边复习考研。经过半年多的准备，他信心满满地参加了考试，最终的结果却让他大跌眼镜，他居然有课程不及格，这岂非是对他的最大侮辱么！

带着这份不理想的成绩，林刚只好再次回到公司工作，也不敢向任何人提起这次经历。然而，他心中始终惴惴不安，觉得自己是个很差劲的人。有一次，他看到两个同事在咖啡间窃窃私语，就想他们一定是在说自己考研落榜的事情，因而心情非常失落。最终，林刚选择辞职，窝在家里半年之久，才找到了一份不那么合心意的工作。

因为一次考研失败，林刚没有珍惜到手的工作机会，这可是一个人人都羡慕的工作机会啊。难道学历高就一定能够与众不同吗？相比很多在苦苦寻觅合适的工作机会的研究生，林刚简直是不珍惜到手的幸福啊！在边工作边考研失败之后，他更是一蹶不振，直接辞职，彻底失去了这份好工作，损失不可谓不惨重。

其实，每个人都想要追求完美的人生，但是人生本来就是不完美的。人总是存在各种各样的缺点，一个人身上不可能总是优点。至于命运的河流，更是不知道会把人带到哪里去，让人们在波峰和波谷之间，感受到无穷无尽的苦恼和遗憾。既然不完美才是生活的常态，从现在开始，就让我们更加努力地生活，也更加坦然地接受不完美的自己和不完美的人生吧！

凡事都有轻重缓急和主次之分。对于完美主义者而言，时间和精力也同样是有限的，因而永远不可能做到面面俱到。所以，我们应该抓住主要矛盾进行解决，而不要一味地盯着事情的细枝末节。否则，我们的精力就会被分散，最终舍本逐末，结果反而不好。

固执地相信自己，如何获得他人的信任

在生活中，有一类人有着强烈的自我意识，他们就是偏执型人格障碍患者。这种性格类型的人，总是固执地相信自己，而不相信任何人。当你漫无目的地看向他时，他也许会觉得你正在心里算计他；当你好心好意地帮助他时，他又觉得你对他有所企图；当你对他冷若冰霜时，他又觉得你对他有成见，甚至厌恶他……总而言之，这种人的心里就像住着一个固执的魔鬼，无论你怎样解释自己的本意，他都不愿意相信你，更不愿意遵从你。这样固执之极的人，哪怕你磨破嘴皮子，哪怕前面是刀山火海，他们也会遵从自己的内心，任由你苦口婆心，唠唠叨叨，他自然巍然不动。

对于这样的人，如果你想与他们交往，自然是很困难的，因为他们总是对你充满敌意，丝毫不愿意打开心扉接纳你。他们的心就像一个坚固的城堡，除非他们愿意打开门迎接你，否则你无论如何也进不去。与他们的固执相比，他们的心也常常显得敏感而又脆弱。也许你不经意间的一句话，就会让他们对你产生莫大的意见，甚至为此而不再理睬你。你一个好心好意的玩笑，也有可能会让他们感受到敌意。当然，他们莫名其妙的戒备并非仅仅针对于你，他们总是觉得全世界都是邪恶的，都充满着未知的、可怕的危险。心理学家们对于这样的人也很无奈，将其统称为偏执型人格障碍。

西蒙是个大男孩，正在读大学。按理说，他正值青春年少，心中应该充满对未来的憧憬与渴望。偏偏西蒙是个特别悲观绝望的人，他总是对外界怀着敌意，不管是同学还是朋友，他都将他们视为虚伪的敌人。哪怕别人对他很好，他也将其归结于虚情假意。西蒙为什么会这样呢？

原来，西蒙小时候遭受了严重的伤害，让他对于人与人之间的感情产生了怀疑。

在西蒙还很小的时候，他的父母关系非常亲密，感情也很深厚。小小的西蒙就这样在父母浓浓的爱意中成长。然而，好景不长，西蒙的父亲在外面有了其他的女人，母亲知道之后自然难以接受，因而悲伤欲绝，歇斯底里，最终与父亲爆发了严重的争吵。他们一改往日的恩爱模样，用最恶毒的语言彼此咒骂。那时候西蒙根本不理解父亲和母亲之间发生了什么，因而只能怀着深深的恐惧站在一旁，不知如何是好。在父亲愤怒地离家之后，母亲难以控制激动的情绪，当着西蒙的面不停地诅咒父亲，西蒙更加困惑了。他几乎每天都在以泪洗面，而且他也因为父亲的离家而深感恐惧。

自从父母离婚之后，母亲也性情大变。她把自己不再拥有美丽容颜和苗条身材的责任推到西蒙身上，总是在西蒙面前抱怨："都是为了生你，我才失去了美貌和性感的身材，你父亲才会弃我而去。"因为怨恨，母亲对待西蒙也不像之前那么好了，总是对西蒙又打又骂。时间长了，西蒙觉得父亲和母亲曾经亲密的关系就是一个假象，就是一场骗局。后来，他又开始觉得曾经他最信任和依赖的母亲也是一个假象，是不值得深爱的。就这样，西蒙越来越没有安全感，几乎整个童年时期，都是在焦虑不安中度过的。他不再相信任何人，而只相信自己。长大之后的西蒙因为敏感多疑，偏激固执，几乎和每个同学都无法好好相处。孤独的他越来越走向了性格的极端。

从西蒙的经历中，我们不难看出偏执型人格的成因，即缺乏安全感，总是不愿意相信任何人，一味地沉浸在自己的世界里，与所有人对抗。因此，在面对偏执型人格的人时，千万不要随意否定他们，因为这只会让他们暴跳如雷，而无法让他们像大多数人一样理智地思考。

生活中我们常常听说一句话，极度自卑的人往往用骄傲来掩饰自己的内心，表现出特别的骄傲。其实，自卑也是偏执型人格形成的原因之一。如很多人生来就没有健全的身体，或者在某些方面有明显的缺陷，最终导致他们陷入自卑之中无法自拔，时刻都在担心自己会遭到他人的无情嘲讽。在这种情况下，他们只能先发制人，先把别人拒之门外，从而保护自己。长此以往，他们就会变得非常偏执，无法听进去任何人的意见或者建议。此外，心理学家们还经过研究发现，很多偏执型人格障碍也会有一定遗传性。即便改变家庭环境，遗传因素依然会起作用。那么，如何才能改善偏执型人格障碍患者的症状呢？对于外界的客观评价和友好接纳，是让人心胸开阔、眼界长远的关键。尤其是在人际交往中，要想减轻偏执型人格障碍患者的症状，当事人就要更加客观地认知和评价自己，也要做到打开心扉接纳别人，从而让自己与他人建立互信的关系。这样一来，偏执型人格障碍患者对于外界的敌意会逐渐减轻，从而表现得更加友好。

要想打开偏执型人格障碍患者的心扉，千万不要一开始就否定他。如果你能做到先给予他足够的尊重和认可，那么相信你会更容易得到他的信任。与偏执型人格障碍患者相处，最重要的就是解决信任危机的问题。一旦这个问题解决了，所有的问题都会一通百通，迎刃而解。这样一来，对偏执型人格障碍患者的劝说工作也会进展得更加顺利。

强迫型人格障碍，无论怎样都无法尽如人意

强迫型人格障碍患者，最大的特点就是特别追求完美，而且凡事讲求一步到位。他们的自制能力很强，强到让人难以置信，因此他们从来不疯狂地放纵自己，总是过于理智和循规蹈矩。他们心中始终有着矛盾和纠缠，他们吹毛求疵的习惯使得他们纠缠于细节，拘泥于各种僵硬的形式，甚至生活方面，他们也不能容忍些许瑕疵和不完美的存在。打个形象的比方，强迫型人格障碍患者的生活就像是一架运转精密、不允许出现任何失误和错误的机器，精于完美。也因为过于杞人忧天，凡事都追求尽善尽美，所以强迫型人格障碍患者在做决定时总是瞻前顾后，犹豫不决。即便好不容易做出决定，他们也很担心自己出现错误，导致结果不尽如人意。他们总是有着严肃的面孔，不苟言笑，几乎与幽默绝缘。因而，强迫型人格障碍患者很难抓住那些转瞬即逝、千载难逢的好机会，他们不得不更加墨守成规。尽管他们表面看起来波澜不惊，其实内心惊涛骇浪，难以平静。

有着丰富生活经验的人会知道，生活并不总是一帆风顺的，甚至很多时候是难以让人如愿的。在这种情况下，过分地追求完美并不能使我们的生活变得更加无可挑剔，而恰恰相反，会使我们的生活更加犹豫纠结，甚至不知所措。强迫型人格障碍患者就是如此，他们有着一颗尽善尽美的心，生活却时常与他们开出大大的玩笑，让他们更加失望。

通常情况下，强迫型人格障碍的形成与人们在童年时期的生活经历有着密切关系，尤其是和家庭教育有直接的关联。很多父母对于孩子过分严厉和苛责，任何事情都给孩子制定出必须遵守的规章制度，剥夺孩子所有的自由，最终导致孩子过于在乎父母的标准，不管做什么事情都

陷入深深的焦虑之中，生怕一不小心就会导致做错事情而遭受父母的惩罚。由此一来，长期在这样的心理状态下的孩子们变得越来越紧张和焦虑。除此之外，还有很多父母因为职业的关系对孩子提出特殊的要求，如当教师的父母往往在学习上严格要求孩子，恨不得孩子每次考试都能得满分；当医生的父母则大多数有洁癖，总是过分要求孩子讲究卫生，孩子长大成人之后很可能对于洗手有着强迫性；还有些父母是运动员，不但自己坚持锻炼，也特意要求孩子从事高强度的锻炼。总而言之，父母在从事某些特殊工作时，一定要注意不要把工作上的习惯带到家庭生活中，以免对孩子产生不良影响。此外，心理学家经过研究发现，强迫型人格障碍也是具有遗传性的。

那么，我们如何做才能缓解强迫型人格障碍患者的紧张焦虑的心理状态呢？当然要从根本上采取切实可行的办法，即努力使其感受到轻松自然。例如一个强迫型人格障碍患者每次离开家之前，都要若干次检查门窗是否关闭锁好，有的时候即便检查了好几遍才出门，他们也会在到了楼下或者半途的时候，突然强烈感觉自己忘记锁门了。在这种情况下，作为家人或者朋友，一定要安抚他们的情绪，使他们放松下来，或者转移其注意力，不要让他们把所有的心思都集中在门窗是否关闭锁好上。和强迫症患者相比，强迫型人格障碍患者的强迫性还未到无法缓解的程度，只要生活中多多注意控制自己，缓解情绪，症状是会渐渐减轻或者消除的。当强迫型人格障碍患者不管做什么事情都必须因循守旧时，可以带着他们打破常规，肆意放纵，当他们看到一切其实并没有那么严重，即便偶尔放纵地球也不会停止转动时，就会自然而然地放松对自己的要求，不再固执地坚持原则和方向。

总而言之，生活并没有一定之规。对于任何人任何事情，我们都要根据实际情况及时做出调整，这样才能在最短的时间里得到最好的效果。如果一味地按照曾经的规矩和经验去做事情，做决定，也许最终只会使我们陷入被动，导致我们的生活更加手忙脚乱，无法如愿以偿。

在压力之下，强迫型人格障碍患者的某些症状其实与强迫症的表现很相似，但是一旦压力减轻或者消除，他们的行为又会很快恢复正常，很少有强迫型人格障碍患者真的发展成强迫症。对于生活，我们每个人都应该放轻松一些，毕竟，世界上并没有绝对的对错，事情的结果也永远都不是唯一的。当你变得能坦然接受一切，心胸开阔，你的强迫症状就会大大减轻。

我总是歇斯底里，难以控制自己

生活中，你是否经常遇到有些人因为很小的事情就突然变得歇斯底里，让人感到可怕呢？在社会新闻中，我们也经常看到，人们因为一点儿口舌之争，就拔刀相见，甚至酿成恶果。其实，这并非是简单的情绪冲动，而是冲动型人格障碍患者的典型表现。冲动型人格障碍患者，总是容易情绪爆发，而且没有自控能力。为此，他们常常做出暴力行为，甚至对其他人产生威胁。这样的人就像是一颗不定时炸弹，不管是对于家庭生活而言还是对于社会生活而言，都极具杀伤力。

随着年龄的增长和心态的不同，冲动型人格障碍患者的症状也在不停地改变着。通常情况下，随着年龄增长，他们的症状会渐渐缓解，但是也不一而论。一般，他们的人际关系都比较恶劣，有的时候对于家人都会表现出敌意。从某种意义上来说，冲动型人格障碍又可称为攻击型人格障碍。当受到不公正的待遇，或者是受到他人的恶意对待时，这种人格障碍的爆发则显得更加突然和强劲。

为了了解攻击型人格障碍发生的原因，很多心理学家对此进行了深入研究。结果证实，攻击型人格障碍患者对比普通人，脑电波的异常更为多见。而且，他们体内的分泌腺也比普通人更多。当然，这种人格障碍的成因更多地与心理因素有关。很多青春期的孩子，由于叛逆变得非常强调个性和独立。就像雄性动物通过在雌性动物面前展现力量以获取青睐一样，男孩在同龄的异性面前时，也会表现出一定的攻击性。此外，人们成长的经历和生活的经验，也会导致心理发生一定的变化。心理学家经过研究发现，那些自尊心强的人为了保护自己也往往表现出攻击性。此外，社会大环境的影响，也会误导人们崇尚暴力。例如曾经以暴力、毒品见长的港台剧，包括刚刚开放时吸纳的很多西方影视剧，都对人们的心理产生了影响。而且，在家庭生活中，如果父母经常表现出暴力行为，孩子也会形成以暴制暴的思想。要知道，父母是孩子的榜样，是孩子的第一任老师，因此每一对父母都应该在孩子面前谨言慎行，千万不要为了一时的意气和发泄，而影响孩子的一生。

对于自己的婚姻，莹莹已经彻底绝望了。在和杜威恋爱时，她从不知道杜威居然是个暴力狂，直到结婚后的第一次冲突。只是因为一件不起眼的小事，杜威就对她动了手，尽管只是推搡了几下，也足以让她感到害怕。后来，又有一次他们因为一件小事争吵，杜威冲动地打了她好几个耳光，这几个耳光彻底把莹莹打蒙了，看着这个曾经熟悉如今却无比陌生的人，她想到了离婚。然而，情绪恢复平静之后的杜威，跪在莹莹面前乞求原谅，并且保证自己以后不会再这样动手打人了。想到曾经恋爱的甜蜜，再看看杜威此时此刻后悔莫及的样子，莹莹不由得心软了。她怀着忐忑不安的心，选择原谅杜威。

然而，杜威每当愤怒的时候，就完全像是变了一个人。如果说心平气和的杜伟是一匹精良温顺的千里马，那么愤怒状态下的杜威就像是一个邪恶的魔头。随着婚姻的渐渐深入，杜威的本来面目也更加毫无遮掩地表现出来。他从推搡到打耳光，再到后来居然举着拳头狠揍莹莹。在经历了无数次痛苦的原谅之后，莹莹最终决定离婚，却又被杜威一顿暴打。对此，她不得不寻求援助，申请妇联的保护。后来，妇联的人了解情况之后，建议杜威去看心理医生，这才发现原来杜威是严重的攻击型人格障碍患者。每当情绪激动的时候，他就根本无法控制自己，而一旦恢复平静，又会对自己的行为追悔莫及。得知这一真相，莹莹更加坚定了离婚的决心，毕竟她还年轻，不愿意就这样在提心吊胆中度过大好的青春时光。

尽管杜威可以说自己不是故意的，只是失去控制而已，但是依然不能改变莹莹数次受到伤害的事实。在婚姻生活中，有攻击倾向的很多男性往往自尊心也特别强，有着极端的大男子主义，一旦事情不能如他们所愿地发展，他们就会大发雷霆，歇斯底里。

没有人愿意被伤害，在现代社会，各种各样的心理问题层出不穷，在这种情况下，我们必须学会更好地保护自己，不但要避免自己成为攻击型人格障碍患者，而且要避免受到他人的伤害和攻击。

第05章　消极型、阴暗型人格：让你的天空重现蔚蓝

生活中，有这样一些人，他们总喜欢把什么事都使劲朝坏处想，却未曾觉察到，因为他们一开始就封闭的心态已经拒绝了很多生命里的可能性。这就是消极型、阴暗型人格。的确，我们不能否认，悲观与乐观都是对待生活的态度，可是如果生活被过多的悲观思想主导的时候，我们就很难从周围的环境中找到出口，我们的判断力也会因为盲目悲观而失去准确性。悲观情绪会消耗我们的心灵能量，如果经常把自己陷入悲观情境中，内心的无力感就会逐渐增强。把自己看的越来越渺小，过于纠结身上的压力，我们便中了负面情绪的圈套，会损害自己的身心健康，为此，我们需要警醒自己，要时刻警惕悲观情绪的侵袭，时刻保持积极和快乐。

忧郁不安，陷入绝望中如何自拔

现代社会的生存压力越来越大，不但生活节奏加快，工作的压力也成倍增长，让人无暇喘息。面对这样的生存现状，很多人都感到肩上的担子沉甸甸的，又因为整日埋头于工作和生活的琐事，心情越来越烦躁不安。如果是积极乐观的人，还能够采取各种方式排遣压力，如果是消极悲观的人，则很容易就会陷入负面情绪之中，无法自拔。

当你整个人都很消极，那么让人悲观的事情的确很多，诸如学生考试没有考好，父母养育孩子遇到难题，老人身体不舒服正在住院，或者工作上出现失误被上司批评……打个形象的比方，即使这些事情在胸怀

开阔的人心里都不算事，但是在郁郁寡欢的人心里，却像是压死骆驼的最后一根稻草，往往让他们陷入绝望之中。

今天，你忧郁了吗？从几何时，忧郁已经不再是少数人的专利，而成为大多数人的心情。

古希腊的医学之父希波克拉底认为，大多数忧郁症患者的体内都存在着过多的黑胆汁。而大哲学家苏格拉底则对此有不同看法，他觉得，一个人的创造力越强，患上忧郁症的可能性也就越大，因为他们总是不断地处于对自我的反思和创新的求索之中，导致思维过度活跃，思虑太多。而在现代社会，不但体内黑胆汁多的人和创新能力强的人容易忧郁，普通人也很难摆脱忧郁的纠缠。最终，忧郁人格变得非常常见。为此，有很多人都把忧郁的病因归结于社会环境，说是因为社会环境的恶化，才让忧郁变得如此常见。殊不知，任何外部的环境只是导致人们忧郁的片面原因，最主要的原因是人们的内心过于脆弱，不能承受任何失落。所谓境由心生，尽管这看起来有些唯心主义的色彩，但是却在很大程度上诠释了忧郁产生的根源。

作为一名在校大学生，小娜的忧郁有些让人难以理解。她看起来总是心事重重的，即使是一点点风吹草动，也会让她马上陷入担忧之中。那么，小娜到底为何如此忧郁呢？

原来，小娜从小就失去了父亲，母亲带着她改嫁，因而她过着寄人篱下的生活。小娜上大学后，因为继父不愿意承担小娜的学费和生活费，母亲和继父的关系变得非常紧张。为此，小娜刚刚读大一时，就在外面勤工俭学，努力挣出生活费用，以给母亲减轻负担。小娜很清楚，母亲改嫁不容易，能有自己的家庭也不容易，她必须保护母亲的幸福。看到同学们每逢节假日就兴高采烈地出去玩耍，小娜羡慕极了。但是她必须奔波在勤工俭学的路上，她不但兼职了学校食堂的打扫工作，还在校外兼职了两份家教呢！

当然，小娜本身的性格也是很内向而又敏感的。前段时间，小娜因为考试出现失误，倒退了十几个名次，心情很低落。有的时候，她觉得自己的心情就像是夏日午后即将落雨的天空，看起来是那么的阴沉，而且湿漉漉的，似乎只要用力就能拧出水来。看着小娜郁郁寡欢的样子，老师非常担心，也给予了她很多的关心。

小娜是个寄人篱下的继女，因而从小就谨小慎微地生活。直到长大成人、读大学，她依然担心母亲因为学费和生活费的事情与继父吵架，因而不遗余力地兼职工作，为母亲减轻负担。她是个很懂事的好孩子，也因此思虑重重，很少无忧无虑地欢笑。

任何人之所以变得忧郁，实际上都有或者明显或者潜在的原因。每个人的本性里都有忧郁人格的影子，只不过平日里不会表现出来，而等到受到刺激或者遇到重大事情的时候，他们的心理就会发生一系列变化，人格也会发生变化。如果遇到的都是让人不开心的事情，他们就会变得越来越忧郁。严重的忧郁症患者，不但心情落寞，睡眠也会受到严重的影响，还会变得非常自卑怯懦，对人生失去希望。不得不说，忧郁带给我们生活的负面影响是非常大的。

对于内心敏感的忧郁型人格的人而言，即使是生活中一点小小的变化也会在他们心中掀起滔天巨浪。而当他们在焦虑、苦闷的边缘挣扎时，他们又会因此而更加痛苦、失意，甚至对人生了无兴趣。这就像是阴云密布的天气，要想阳光灿烂，必须驱散乌云。那么，就让我们怀着积极乐观的心态面对生活吧，毕竟每个人的生命都非常短暂，值得珍惜，万万不可浪费在忧郁之中啊！

一味地承受，只为他人考虑真的好吗

你看过美国的好莱坞大片吗？如果你经常看这种影片，你就会发现，很多好莱坞大片中的主角，都是非常顽强坚韧的。不管环境再怎么恶劣，处境再怎么艰难，他们也很少会主动放弃。就算忍受着深深的痛苦，他们也依然拼尽全力到最后一刻。因为他们深信不疑，只要坚持，就一定有获得成功的可能，直至最终成功。看着那些肌肉发达的钢铁硬汉，作为观众，我们似乎感受到浑身都充满了力量。而事实的确证明给每一个人，只有不轻易放弃的人，才有最终成功的可能。一旦放弃，则不管是成功的可能还是失败的可能，都同时不复存在。这也就意味着，你不会遭遇失败，同时也绝无可能成功。

尤其是消极悲观的人，他们往往陷入忧郁之中，而且有着很明显的“利他主义”倾向。他们悲天悯人，对于身边的人怀着无限的同情，对于整个世界都满怀挚爱。他们常常想到别人的苦楚，却从来不顾及自己其实也是需要满足的。从某种意义上来说，他们的同情心似乎太过了，所以他们从来不懂得拒绝。在一次又一次感受心灵的创伤之后，他们疲惫不堪，却初心不改。我们当然愿意与这样的人成为朋友，但是却不应该强势地对待他们，否则就有欺负他们的嫌疑。从长远来看，其实人还是不要这样逆来顺受，忍气吞声，否则会在生活和工作中遭遇更多的尴尬和难堪，即便如此，也未必能够如愿以偿。

作为新进员工，小马渐渐变成了滥好人。刚开始时，小马因为初来乍到，不管哪位同事有事情需要帮忙，他都会主动伸出援手。后来，同事们与小马渐渐熟悉，看到小马好说话，也会在忙不开的时候把工作分给小马。当然，大家都是很感激小马的，觉得他乐于助人，是个大好人。

然而，随着时间的流逝，小马已经进入公司一年多了。他变成了一名老员工，上司分派了更多重要的工作给他，他本职工作变得繁重，也就没有多余的时间帮助其他同事处理工作。但是，大家已经对他的热心帮助习以为常。就在刚才，丽娜随手扔了一份文件给小马，说："小马，帮我把这份文件检查一下，半个小时以后就要。"说完，丽娜就走了，连征询小马是否有时间都没有。刚过了没多久，阿尔又来对小马说："小马，中午帮我加班半个小时做份表格吧，我约了女朋友一起吃饭！"就这样，直到午餐时间结束，饥肠辘辘的小马还是没有时间去吃饭，更别说完成自己的工作了。

下午，上司来找小马要一份几天前交代他完成的文案，小马瞪着眼睛茫然地看着上司。原来，他因为忙于帮忙，早就已经把那份文案抛之脑后了。毫无疑问，小马被上司狠狠地批评了一顿，并且责令他下班之前必须把文案做好。整个下午，小马忙得连喝水的时间都没有。当艾薇再来让小马帮她去仓库调货时，小马不得不硬着头皮说："对不起，我的工作还没完成，你自己去吧！"艾薇马上脸色大变，虽然什么也没说，但是心里却对小马意见很大。此后的几天，小马打定主意不帮任何同事做工作，这样，他自己的工作也能够保质保量地完成了。事到如今，小马才知道在职场上不懂得拒绝的后果有多么严重！

小马帮助其他同事分担工作原本是件好事，然而，由于他从来不懂得拒绝，渐渐成为理所当然的分内之事，以至于当他拒绝其他同事的求助时会被埋怨。其实，小马并非不懂得拒绝，而是不敢说"不"。通常情况下，消极悲观的人缺乏自信，因而当有人求助于他们时，他们往往觉得这是别人的信任，是值得珍惜的。所以，他们非但不会辜负这份信任，反而会在最开始的时候受宠若惊。然而，正如小马所经历的一样，随着阅历和资历的加深，会越来越受到上司的器重，而如果此时还因为忙于他人的工作而无法做好自己的本职工作，则会得不偿失。

不懂拒绝就像是一个泥沼，一旦陷入其中，就很难自拔。尤其是在职场上，我们在与同事相处时，不管私底下的关系好坏，一定不要让他们养成依赖的坏习惯。否则当他们不管有什么工作都想要找你帮忙时，你也就无法拒绝了，还会因此影响自己的心情，甚至郁郁寡欢。

一个人不懂拒绝，就会陷入泥沼，不管别人提出什么要求，都不好意思拒绝。大多数不好意思拒绝他人的理由，无外乎彼此关系好，怕驳了他人的面子，也害怕得罪他人。这就像现代社会的借钱一样，如果你发自内心地不想借钱给他人，那么千万不要借，或者直截了当或者找个理由拒绝他人，哪怕得罪了他人呢，也就是这 次。而 旦借了，你非但自己心中不快，最终也还是会因为要钱得罪他人，这是双重的痛苦，更加得不偿失。拒绝的道理也是如此，一次拒绝，也许换来的是对方长久的理解和自觉。

积极起来，死亡并不是活着的最终目的

曾经有人说，每个人都是行走在黄泉路上的。从出生的那一刻开始，每个人就开始走向死亡。这么说未免有些悲观。其实，人是向死而生的，只有明白这个道理，人才能活得更加从容豁达，也才能更加坦然淡定。

在艰难的处境下，消极悲观的人一旦走入极端，就会完全进入死胡

同，不知道如何反省自己。他不但会变得对现在的生活了无兴趣，也会对未来的生活完全失去希望。长期的情绪低沉、悲观失望会使人更加失去斗志，由此陷入恶性循环之中。由此一来，忧郁的人格特征就会持续深化，甚至变成忧郁症患者，产生悲观厌世的情绪，最终贻害无穷。

近年来常常出现这样的新闻，很多年轻的妈妈在分娩之后，因为情绪低落消沉，最终选择抱着初生的婴儿一起跳楼自杀。这样的新闻总是让人感慨唏嘘，当然，妈妈们自杀的原因很简单，就是体内激素骤变以及情绪悲观绝望，产生厌世心理。假如在妈妈们分娩之后，丈夫及其他家人能够给予她们更多的关爱和照顾，帮助她们及时舒缓情绪，那么结果一定不会这样。在现代社会，不但产妇的自杀有逐年增加的趋势，因为生活和工作压力的增大，很多看似健康的人，也会产生绝望的心理。甚至有很多正处于人生花季的青年，诸如那些刚刚大学毕业或者即将毕业的人，也出人意料地选择结束生命。这到底是为什么呢？

毋庸置疑，生活是艰难的，尤其是现代社会处于飞速发展之中，各行各业的人，包括学龄的孩子在内，都承担了巨大的压力。所以，我们应该更加关注自身和他人的心理健康，给予自己和他人更多的爱与关注。归根结底，我们还是要怀着积极乐观的心态面对生活，虽然活着是奔着死亡去，但是死亡并非活着的最终目的。人生，最重要的在于过程的绚烂。只有真正地拥抱和享受过人生，人才不枉活一回。

作为一名律师，王强总是要接触那些社会的阴暗面，与各种各样的罪犯和受害者打交道。每次参加完庭审之后，他都觉得特别疲劳，似乎全身的力气都耗尽了。有一段时间，王强接受一个富豪的委托，为他进行无罪辩护。虽然王强自己也怀疑那个富豪是有问题的，但是不得不遵照富豪的意思，争取让他无罪。为此，王强承受了巨大的道德压力和良心的谴责，他那段时间不得不靠安眠药才能入眠。

有一次，王强因为太累了，心思烦乱，试图多吃一些安眠药，因为被妻子发现并且制止，他才没有得逞。据他后来说，他当时很想一觉睡过去再也不醒来，因为唯有如此，他才能获得永远的平静。后来，王强的忧郁情绪愈演愈烈，最终他患上了重度抑郁症，彻夜难眠，在心理医生的治疗下才能安然入睡。

律师的职业特点，决定了他们必须与社会的阴暗面接触，还要与很多罪犯打交道。长此以往，他们必然承受巨大的压力，心情也会受到影响，难以平复。在这个事例中，王强就是这样一个痛苦的律师。如果他出淤泥而不染，必然会被他人所排挤；如果与那些黑暗势力同流合污，又让他万分痛苦。长久的忧郁最终使他产生忧郁情绪，甚至连正常的生活都无法维持。在这种情况下，如果他当时能够及时向心理医生寻求帮助，也许情况不会恶化到严重的程度。但是他偏偏没有及时求助，最终发展成为重度抑郁症，到了寝食难安的地步。

对于消极悲观的人而言，似乎生活中的很多事情都会引起他们的忧郁。现代社会提倡的正能量，正是为了消除这样的负能量。毕竟，生活总是坎坷的，没有人能够保证自己始终顺遂，唯有摆正心态，以积极乐观的心态面对一切坎坷和挫折，我们才能更加斗志昂扬，意气风发。

向死而生，我们才能活得更加绚烂。当我们把对生命的关注聚焦在过程上，我们就会更加心甘情愿地接受过程的坎坷和挫折，从而帮助自己树立正确的观点和积极的态度，应对生命的一切磨难。对于消极悲观的人而言，即便世界再美好，他们也能从鸡蛋里挑出骨头来。为此，更重要的是摆正心态，为自己的人生不断地添砖加瓦，筑造理想的大厦。

何必如此残忍，暴力行为真的让你快乐吗

还记得小时候，奶奶买回来很多小鱼，你向奶奶讨要了一条小鱼玩耍。你很喜欢这条小鱼，但是玩着玩着，你有些厌倦了，你想看看怎样才能把小鱼杀死，于是你先是揭掉鱼鳞，紧接着又用小刀打开小鱼的肚子。看着奄奄一息的小鱼，你心中似乎有一种奇异的感觉升起，没错，那个时候你也许只有10岁左右吧！还有一次，接连下了好几天的雨，你发现班里有个女同学穿着漂亮的白裙子，为此你在她经过水坑时飞快地从她身边跑过，她的白裙子溅上了很多泥点子。看着女同学气急败坏的样子，你已经跑得很远了，却还忍不住回头放肆地笑着。在我们小的时候，这样的恶作剧被称为顽皮。随着年岁渐长，我们的顽皮不再是童真，而是凸显出人性的丑恶。

生活中，有些人偏偏以残忍地伤害为乐趣，肆无忌惮地把自己的快乐建立在他人的痛苦之上。不得不说，这不再是顽皮，而是心理阴暗的表现。如今网络上各种虐杀小动物的视频横行，点击率却很高，由此不难看出，不但心理阴暗的施虐者很多，心理同样阴暗的、喜欢围观的人更多。当一个成年人热衷于制造他人的悲剧和灾难，甚至以伤害他人为乐趣，他一定是心理产生了畸变，行为也越来越极端。

与虐待和伤害他人一样，暴力在生活中也很常见。为什么暴力屡禁不止呢？其实从孩童时期我们就会发现，很多男孩子都喜欢欺负比自己弱小的人，并且以此为乐。他们似乎在欺负他人的过程中感受到自身强大的力量，并且乐此不疲。随着渐渐长大，道德的约束和规范会让我们收起这样的阴暗心理，言行也更加规范，但是一旦有合适的时机，这心底隐藏的恶还是会表现出来。对于这样的心理阴暗者而言，伤害他人，

能够给他们带来难以言说的快乐。他们心甘情愿地成为一个施虐者，并且以此为乐，简直有欲罢不能的趋势。

从某种角度来说，施虐者的心理是极度扭曲的。他们越是看到受虐者痛苦的模样，越是感到莫名的亢奋和快乐。当受虐者的反应越来越激烈，他们也就越来越变态地折磨受虐者。不得不说，这是整个人类社会的悲哀。

在刚刚结婚的那几年时间里，莉莉和温迪的确生活得幸福而又温馨。莉莉很庆幸自己找到了一个完美的丈夫，因为温迪不但在事业上很有进取心，对于家庭也有着强烈的责任感。其实，在和莉莉结婚之前，温迪是有过一段短暂婚姻的。对此，他告诉莉莉，他的前妻是个水性杨花的女人，莉莉对他满怀同情，且爱得更加深沉。似乎女性总是有一种天生的母性，很愿意去保护那些看起来高大威猛的男性，抚慰他们受伤的心灵。

在结婚的第5个年头，温迪工作上出现重大失误，导致他失去参加原本十拿九稳的副院长竞选的资格，而且被停职。从此之后，温迪就像变了一个人一样，整日喝酒，不求上进。那一年恰逢全球金融危机，莉莉的公司大幅度裁员，莉莉也失去了工作。为了维持家庭的开支，莉莉很想开一家西点屋，而且她本身也很喜欢烘焙。原本她以为温迪一定会支持她，不想温迪非常激烈地反对，并且振振有词：“女人就应该以家庭为重，既然你被辞退了，就专心照顾家庭吧！”话虽然这么说，温迪却没有变得振奋，依旧每天都窝在家里。看到家里的经济日渐拮据，莉莉再次提出开店的要求：“咱们这样坐吃山空，迟早会无法维持生活的。如果你也不想工作，那咱们就一起经营西点屋，不是很好么！”听了莉莉的话，温迪突然暴跳如雷地喊道：“原来你嫌弃我了！你还没当老板呢，就开始嫌弃我了！”话音刚落，温迪就扬起拳头，开始狠揍莉莉。从此之后，温迪一发而不可收拾，只要与莉莉有分歧，他就会打莉莉。在打莉莉的时候，温迪还会产生非常快意的感觉，似乎他正在暴揍自己不如意的命运。

在这个事例中，温迪的事业原本发展得一帆风顺，却因为重大的的失误，导致他不但失去了竞选副院长的资格，还被停职。从此之后，温迪整日酗酒，性格也渐渐改变。面对莉莉的奋发上进，有着传统思想的温迪，便把自己的失意全部都归结到莉莉的身上，因而总是打莉莉。看到莉莉受伤的样子，他仿佛报复了命运一般，觉得非常开心。

温迪这种心态，其实就是从事业开始走下坡路开始的。温迪对于自己的生活现状特别不满意，却又没有信心一切重头开始，便就选择逃避。当家庭生活条件每况愈下，而莉莉却不甘心继续这样下去的时候，他更是把所有的怒气都发泄到莉莉身上。其实，温迪的性格已经发生了扭曲，如果莉莉不注意保护自己，后果一定不堪设想。朋友们，在日常生活中，我们总会遇到这样一些心理阴暗者，他们或者是我们的家人朋友，或者只是路上遇到的陌生人。对于这些人，我们一定要躲得远远的，这样才能有效保护自己。所谓明枪易躲，暗箭难防，对那些看起来很正常的心理阴暗者，我们更要提高警惕，加强自我保护意识。

通常情况下，那些心理阴暗者都是有着异常生活经历的人。他们或者小时候家庭环境恶劣，或者长大以后自以为遭受到社会不公正的待遇，因而导致心理扭曲。总而言之，一定是有外力使他们的情感和认知误入歧途，所以他们才会对他人、对社会心存怨恨。当负面情绪积压到一定程度时，他们就会出现大的爆发，给身边的人带来伤害。因而，我们要帮助身边的人及时疏导情绪，偶遇心理阴暗的人时，也要提高警惕，保护自己。

学会放手，得到不是爱的归宿

一切的罪恶感都不是凭空产生的，只不过是平日里长久的积累，最终在合适的契机突然爆发而已。从这个角度来说，真正的冲动犯罪其实很少，大多数犯罪虽然不是有预谋的，但是都是有负面情绪的长期沉淀。正如人们常说的，也许人与人之间会存在没有任何理由的喜欢，也就是一见钟情，但是绝没有无缘无故的恨。从新生命呱呱坠地开始，他不可能无缘无故地去恨一个人。如果随着时间的流逝他开始憎恨一个人，也一定是因为他们彼此的生命有了不愉快的交集。

爱情是造物主赐予人类最美好的礼物，尽管其有着各种各样的表现形式，但是它的本质从未曾改变，那就是自私。没错，爱的本质就是自私。自私的爱，让人们彼此相爱时，再也没有任何空间容纳别人的插足。爱的自私还体现在强烈的占有欲上。爱，总是使相爱的人想要彼此占有，而不愿意放手。有些爱因为太自私，甚至变得让人窒息。所谓凡事皆有度，当爱的自私过度了，爱就会变得邪恶。

根据《圣经》记载，弟弟亚伯由于得到了上帝的宠爱，被哥哥盖伊杀死了。最终的结果是什么呢？得知真相的上帝非但没有亲近盖伊，反而对他更加疏远。既然结果是两败俱伤，盖伊又为何要这么做呢？归根结底，都是爱的自私在作祟。就像很多原本相爱的情侣之中，如果有一方不再爱另一方，那么失去爱情的一方就会心生怨恨，甚至产生“我得不到的，就要将其毁灭”的极端想法。最终的结果是，失去爱情的一方并没有对爱情失而复得，而且他曾经包括现在都在深爱的人也因为他的自私离开了人世。在生活中，因爱生恨导致情杀的事情从不罕见，由此可见很多人的爱都是极端自私的。

村里的二华和小霞恋爱了。小霞是个好姑娘，不但人长得漂亮，而且通情达理，勤奋苦干，人人都喜欢。看到二华居然如此有福气，其他小伙子都羡慕极了。然而，在相处3个月之后，小霞渐渐发现二华是个好吃懒做、游手好闲的家伙。虽然他长得高大英俊，但是在做农活上，还没有身材矮小的李鹏能干呢！人家李鹏不但农忙时把庄稼地伺弄得好好的，农闲时还四处打工，挣些零花钱。刚刚高中毕业回家没几年，李鹏居然凭借自己的能力盖起了楼房，让很多女孩子都对他情有独钟呢！

渐渐地，小霞开始疏远二华，对李鹏暗送秋波。二华呢，就像个狗皮膏药一样死死贴着小霞，虽然小霞已经无数次告诉二华不再交往，但是二华就是不听。当看到小霞开始与李鹏出双入对时，二华终于着急了。一个傍晚，他吃完饭之后拿着一瓶硫酸等候在小霞与李鹏散步的必经之路上，等到小霞走近了，他先是苦苦哀求小霞回到他的身边。小霞言辞激烈地拒绝了，他突然拿出硫酸泼到小霞的脸上，口中不停地喊着：“你不和我好，也别想和别人好！”就这样，如花似玉的小霞失去了美丽的容颜，被高浓度硫酸烧得人不人、鬼不鬼的。虽然公安机关最终制裁了二华，但是他给小霞带来的伤害却永远无法抹除。

在这个事例中，二华就是典型的心理阴暗者。在恋爱的过程中，恋爱双方原本就是加深了解、双向选择，他却不能容忍小霞离开他投入别人的怀抱，最终采取极端的手段伤害小霞，毁掉了小霞的一生。

很多人因为心理扭曲，觉得自己就是全世界的主宰。他们任性地活着，总是认为自己理所应当得到一切。为此，他们很难承受失去的痛苦，哪怕原本不属于他们的东西，他们也不能眼睁睁地看着它溜走。如此一来二去，他们的心理越来越变态，他们可以舍弃别人，别人却绝不能舍弃他们。他们很难接受爱人的离去，更不能接受亲人的背叛，他们处理事情非常极端，总是非黑即白，而且任意妄为，从来不考虑他人的需要和感受。这样的自私占有，是变态的爱情。真正的爱，是理解，是包容，是放手，让对方得到幸福。

很多犯罪的冲动都没有明确的解释和原因，但是它们的共同点就是心理的阴暗和突然的爆发。有人说，爱的反面就是恨。其实，恨恰恰说明一个人并没有从爱的失落中走出来。只有遗忘曾经的爱，勇敢地开始新生活的人，才能真正得到解脱，也才能真正做到内心的释然。如果不爱了，请不要恨，不如学会放手，再也不见。

心理阴暗情绪，需要找到合适途径宣泄出来

既然正常人心里也有情绪的阴暗面，那么为什么正常人不会像那些心理阴暗的人一样做出变态和歇斯底里的事情呢？一方面是正常人心理健全，道德不会缺失；另一方面是正常人心智健全，能够积极地寻找合适的方式发泄情绪，从而不会让负面的危险情绪淤积于心，最终导致无法控制的大爆发。

就像大禹治水最终获得成功的经验一样，治水最关键的是疏通，而不是堵塞。一味地堵塞只会导致决堤，只有开辟通道引流，才能减缓水势。同样的道理，每个人的生活都不会是一帆风顺、尽如人意的。在这

种情况下，就需要我们及时体察自己的情绪，关注自己的心理，从而找到最好的方法把情绪进行合理的发泄，以维持心理健康和心态正常。从心理学和社会学的角度进行分析，人的一切行为都是出于某种需求。根据马斯洛的需求层次理论，也可以说人除了满足最基本的吃喝拉撒时是出于本能之外，其他一切行为都有深层次的心理原因。当这些需求或者动机带有罪恶的特征时，就会成为人们实施罪行的原动力。

对于正常人而言，他们能够用道德来约束自己，他们的理智告诉他们什么是可以做的，什么是不该做的。正是在这样的自我约束中，他们隐藏起邪恶的本性，发展自己善的一面，最终成长为符合社会规范和道德要求的社会人。不过，由于现代社会生存压力越来越大，工作节奏越来越快，很多正常人也需要及时发泄情绪，放松自己。例如，很多销售公司每隔一段时间就会组织员工爬山，唱歌，或者聚餐，目的就是让员工在承受巨大工作压力之余，能够找到合适的方式调整自己。心理阴暗的人，因为人际关系薄弱，既没有很多的朋友，也缺乏家人的关心，总是一个人默默独处，最终导致情绪失常。如今，网络上的一些虐待小动物的视频，大部分都是心理阴暗、情绪淤积于心又得不到发泄的人做出来的伤害行为。对于他们而言，在虐待小猫、小狗、小兔子的过程中，能感到放松和使情绪得到宣泄。

婷婷是个命运多舛的女孩，在8岁的时候就在一场车祸中失去了父母，从此以后，她就跟随姑姑一起生活。姑姑家里本身有3个孩子，再加上婷婷，就有4个孩子需要抚养，负担的确很重，压力也非常大。为此，姑父经常和姑姑吵架，寄人篱下的婷婷总是胆战心惊。

有一次，因为婷婷不小心打碎了一只碗，姑姑就狠狠地揍了她一顿。从此以后，婷婷就经常挨打，家里不管有什么好吃的好喝的，总也轮不到她。渐渐地，婷婷的心理越来越阴暗，越来越扭曲，她总觉得整个世界都抛弃了她，她怨恨一切。有一次，姑姑家的表妹过生日，得到了一只梦寐以求的小白兔作为礼物。看到表妹抱着小白兔眉开眼笑的样子，婷婷觉得很生气。周末，趁着姑姑一家走亲戚去了，婷婷居然拿出一把刀子，残忍地割掉了兔子的耳朵。看着兔子扭曲挣扎的样子，她的心里升腾起异样的感觉，居然又对着兔子狠狠地捅了几刀，把兔子杀死了。

在婷婷心里，一定有着对于命运的极度不满。对于现状，婷婷虽然很想改变，却无能为力，只好趁着姑姑全家不在家时，拿柔弱的兔子撒气。从某种意义上来说，她虐待兔子，就像在报复自己在姑姑家遭受的不公正待遇一样，正是这种扭曲的发泄方式，让她的情绪得到宣泄。

很多人都无法理解虐待或者虐杀动物的行为，尤其是那些生活幸福的人，对于小动物总是有着深深的悲悯情怀。殊不知，生活中还有很多人连自己都无法得到很好的照顾，又怎么可能内心满怀阳光地对待这些小动物呢！

通常情况下，那些在生活中承受巨大压力的人，因为无处宣泄情绪，会虐杀小动物，缓解压力，最终形成习惯。还有些人则像婷婷一样，在生活中受到不公正的待遇，甚至是遭受暴力，由于没有足够的力量与施暴者抗衡，所以就把怨气和不满发泄到弱小的动物身上。他们只有在虐待小动物的时候，才能感受到自身的强大力量，重新找回可怜的自信。当然，不管出于哪种原因，这都是心理不健康的表现，如果不能及时纠正，也许会朝着不好的方向发展，最终酿成无法挽回的恶果。

就像很多人一旦生气就喜欢摔东西发泄情绪一样，当心理阴暗者从虐杀小动物的过程中找到成就感和满足感，就会渐渐将其形成一种习惯。其实，施虐者在现实生活中往往是心中存在空缺的，他们无法与伤害他们、给他们压力的人对抗，也因为法律的约束，不敢对人做出什么出格的事情，就把怨恨和不满转嫁到弱小的小动物身上，从而体现自己的威严和主宰地位，获得自我满足。对于这些施虐者，应该及时进行引导，帮助他们舒缓情绪，否则，他们一旦杀红了眼，也许就会把魔爪伸向身边的人，到时候就不再是伤害小动物这么简单了，而会成地地道道的杀人犯。这虽然有些危言耸听，但是如果任由施虐者肆意发展下去，终有一天会成为现实。

第06章 歇斯底里型、恐惧型人格：多审视自己才能和世界好好相处

生活中有这样一些人，他们喜欢无拘无束、表现自我和奔放的生活，他们需要别人的注意，人们注意他使他感到满足和愉快，而没有人理睬容易感到空虚与无聊。他们言语动作和表情是夸张的，像演戏一样，力图当场吸引观众而不顾其他。他们喜欢凑热闹，爱出风头。这就是歇斯底里型、恐惧型人格。对于具有这种人格的人而言，幻想世界比现实世界似乎更加真实。而其实，他们的歇斯底里，完全是因为他们对周围世界的恐惧，如果他们能安静下来，学会审视自己，相信他们能找到与这个世界相处的最佳方式。

不受约束、只顾当下真的是你需要的人生吗

对于歇斯底里型人格者而言，世界就在于他们的内心。他们总是无比期盼命运的转折和巨变，因为他们需要生活的不断刺激，才能感受到活着的强大力量。他们很少受到道德和规矩的制约，因为他们坚信内心的呼唤才是生命最本质的归属。他们很喜欢接受新鲜事物，如果你认真研究过那些走在电子产品更新换代前列的人，就会发现他们之中的大多数都是歇斯底里型人格者。他们总是不断地淘汰旧的，替换新的，因为他们喜欢打开不同的人生之页。对于歇斯底里型人格者而言，他们也很喜欢结交更多的新朋友，从而在与朋友们相处的过程中，不断提升自己，完善自己。

当然，歇斯底里型人格还细分为很多不同的类型，其中有一种尤其

害怕受到约束，害怕一成不变。从这个角度来说，这种类型的歇斯底里型人格者，和强迫型人格者是完全相反的。

歇斯底里型人格者从不喜欢被约束，对他们而言，生命就应该是自由自在地翱翔。他们之中的大多数人都崇尚自由，主张活在当下。在他们心中，未来是完全不确定的，因此每个人都应该好好地享受当下，尽情地活好每一个今天，不要瞻前顾后给生命带来更多的束缚。他们崇尚及时行乐，不愿意为了很久之后的事情让现在的自己变得畏缩。他们很少计划未来，因为未来之于他们如果早已预知和提前计划好了，也就失去了一切吸引力。他们很喜欢反其道而行，对于他人给他们安排好的生活，必然采取坚决反对的态度。因为以上种种，歇斯底里型人格者对于诱惑总是无法抗拒，他们很容易对诱惑俯首称臣，又因为心中的躁动而无法自制。

在《平凡的世界》中，面临毕业的郝红梅，眼看着同学们互相赠送纪念品，互相写留言册表示祝福和鼓励，而她却因为家境贫穷，根本买不起昂贵的手绢。当时，她正与班长顾养民在谈恋爱，而且顾养民家境殷实，与她根本不在一个生活的水平面上。为了保护自己可怜的自尊，她在代销店徘徊，心中突然涌起难以抑制的冲动，最终选择偷窃手绢。她不知道，自己的一举一动都被代销店的负责人看在眼中，最终，她不光彩的行为被抓个正着，她的人生也因此而改变。在那个年代，偷窃是个非常不光彩的行为，能够断定一个人的品行是否端正。可想而知，郝红梅为了这个冲动的行为付出了多么惨重的代价。

直到好几年以后，已经成为寡妇的郝红梅遇到了润生，才对于自己当日的行为表示懊悔。她哭着说："我不就是偷了几块手绢嘛，我根本没想到后果会这么严重，难道就要让我用一辈子去赎罪吗？"

郝红梅也属于歇斯底里型人格，只不过她的歇斯底里是被逼出来的。当时面临毕业的郝红梅，既要照顾自己在顾养民面前的面子，又想和其他同学一样赠送小礼物，因而已经处于歇斯底里的边缘。她当时天真地以为没有人会发现她偷手绢的事情，以为一切都能人不知鬼不觉地进行下去，殊不知，有些犀利的眼睛早就盯上了她。因为这件事情的恶劣影响，后来的郝红梅变得更加务实，也为此付出了惨重的代价。可以说她的歇斯底里和她的虚荣有着密不可分的关系，是暂时性的。

在冲动的那一刻，歇斯底里型人格者就像鬼迷心窍一样，欲望迅速膨胀，大有不得到满足誓不罢休的架势。那一时那一刻，他们的心智似乎被蒙蔽，根本无法准确地审视和反思自身。他们所谓的急中生智的好办法，无非是让他们越陷越深的泥沼，也是让他们的罪恶感消失的借口。在这种情况下，歇斯底里型人格者很难估计道德的约束和法律的威严。所以，现实生活中有很多歇斯底里型人格者容易犯错误。他们不计后果地冲动，也使他们犯罪的概率更高。

很多歇斯底里型人格者都主张活在当下，他们既没有对过去的反思和回味，也不会对未来进行合理的规划和展望。他们似乎只拥有今天，也以活好今天作为自己人生的终极目标。生活，永远始于今天也止于今天。在这种思想的影响下，歇斯底里型人格者心中几乎毫无负累，能够轻轻松松地面对一切，也因此对于他人和社会缺乏责任感。

歇斯底里的人真的无比强大吗

虽然从表面上看起来，歇斯底里型人格者非常强大，无所畏惧，但是实际上，他们的内心深处有着深深的恐惧。歇斯底里型人格者到底在害怕什么呢？他们害怕长大，尤其是年轻貌美的女性，最害怕光阴的流逝；他们害怕失败，很多人都把追求成功作为自己一生的目标，当然成功并不总是如约而至，让人如愿以偿；他们害怕失去某种关系，因为只有在这样的关系里，他们才能更加悠闲安适，才能避免受到伤害；他们害怕被否定，总是无限渴望得到他人的认可和肯定，还有赞许和欣赏……总而言之，歇斯底里型人格者并非你所看到的那样勇敢坚强，实际上他们内心深处有着深深的、不为人知的恐惧。

曾经有个女孩，她是独生子女，从小就在爸爸妈妈的无限宠爱和呵护下长大。尤其是妈妈，因为爸爸常年在外工作，只有节假日才能回家，妈妈把所有的时间和精力全都放在了女儿身上，简直是捧在手里怕摔了，含在嘴里怕化了。当然，她也对女儿寄予厚望。在女儿从名牌大学顺利毕业之后，妈妈终于松了口气。不过，马上又有新的问题等着她。原来，女儿该谈恋爱了。

妈妈对女儿提出了很多要求，诸如一定要找学历不低于自己的，一定要找高大英俊的，一定要与有经济基础的男士往来，一定要问问对方家里的父母是否有生活保障，一定要有房子有车……这么多的要求，从小就很听妈妈话的女儿全都用心记下来，直到35岁，还是没有找到完全符合条件的男性。其实妈妈很清楚问题出在哪里，因为如此优秀的男性早就被抢光了，还有可能根本不存在，这让女儿去哪里找呢？眼看着女儿青春不再，妈妈终于妥协，让女儿和一个老实本分的教师结婚了。不想，结婚之后，女儿却几乎每天都待在娘家，只有晚上休息时才会回到自己家里。她根本不管新婚的丈夫是否有饭吃，只顾着自己一个人在娘家吃得很开心。随着丈夫的意见越来越大，她即使勉强回家做饭，饭茶也是难以下咽。后来，随着生活中的小摩擦不断，她与丈夫经常争吵，也就有了更多的理由回娘家。妈妈呢，对于女儿的到来表示大力欢迎，毕竟她把一辈子的心血都付出在女儿身上，也很难接受女儿一下子出嫁，家里变得空空落落的。后来，得知女婿和女儿争吵，妈妈居然不假思索地开始在女儿面前说女婿的坏话。渐渐地，女儿也对丈夫越来越不满意。虽然如此，已经走向不惑之年的女儿还是不想离婚，毕竟哪里也没有更好的男人等着她啊！但是婚姻是双向的，很快，女婿提出了离婚，并且态度坚决，绝无回转的余地。女婿的理由很简单："我不能和一个还未断奶的婴儿过一辈子！"

在这个事例中，妈妈和女儿其实都很害怕。妈妈害怕家里没有女儿的日子，女儿呢，则害怕独自面对生活。一个是喜欢被依靠和依赖，一个是很愿意继续依靠和依赖。就这样，母女俩一拍即合，再也不管新婚的女婿和丈夫，就像相依为命一样，简直一刻钟也不能分开。

尽管她们都牢骚满腹，却未必意识到心底里深深的恐惧。正是因为这份恐惧的存在，才让她们如同面对生离死别一样紧紧相依，不愿意分开片刻。事例中的女儿正如提出离婚的丈夫所说的那样，就是个还未断奶的婴儿。她是那么依赖妈妈，这与妈妈从小对她无微不至的照顾和安排是分不开的。其实，这样的抚育对于孩子而言就是一场灾难，很多孩子虽然早就断奶了，却始终无法在精神上获得独立，也就无法成为一个真正的个体。

歇斯底里型人格者，总有自己害怕和恐惧的东西，或者是分离，或者是面对，或者是误解，或者是否定……他们的心理其实非常脆弱，看起来嚣张跋扈，其实是以伪装的坚强来给自己鼓劲。在这种情况下，歇斯底里型人格者既要摆正自己的心态，端正自己的态度，勇敢地面对生活，也要学会自我反思，不要成为地地道道的纸老虎。

情绪变化莫测，让人捉摸不透

歇斯底里型人格者看起来非常热情，他们照顾别人时无微不至，细腻周到，这让他们看起来近乎完美，也容易得到别人的赞许和好口碑。但是实际上，他们的热情只是暂时的，很多时候他们说变就变。诸如，前一刻他们还春风洋溢，后一刻他们就晴转多云，甚至电闪雷鸣。如果由他们来担任孩子的老师或者父母，则很容易会给孩子造成错觉。前一刻孩子还在庆幸自己拥有好老师，好父母，后一刻却又因为他们的歇斯底里而感到悲戚。长此以往，孩子必然产生严重的不安全感，因为他们不知道成人何时会高兴，何时会生气，因而也就无法判断事情的形势，导致内心惶惑不安。

歇斯底里型人格的父母在面对孩子时，还很喜欢以不负责任的许诺搪塞孩子。例如，他们总是说："如果你考第一名，我就……""如果你这次不要玩具，等你过生日，我就给你买个手表……""如果你很听话，我就……"在这样空洞的永无兑现之日的承诺中，孩子渐渐习惯了谎言，也知道了如果放弃一件东西就能换取什么，还渐渐意会到很多事情都是可以讨价还价的，这样的教育方式对孩子的成长极为不利。

在很多歇斯底里型人格者的心中，孩子就像是他们的玩具，喜欢的时候就可以拿在手里把玩，不喜欢的时候则可以一把推开。很多孩子会因此感到绝望，因为他们觉得自己被遗弃了。同时，歇斯底里型人格的父母还很排斥接受孩子的建议或者意见。他们始终觉得自己是家里的权威，他们自以为给孩子安排好的一切都是孩子最好的选择，其实不然。他们还常常以自己的付出为由绑架孩子，让孩子心甘情愿地听从他们的调遣。不得不说，孩子被他们绑架了，失去了生命的自由。他们还常常让年纪很小的孩子承担起沉重的梦想，成为他们梦想的继承者，或者是家族荣耀的背负者。记得在一部电视剧中曾经听一位爷爷说过，每个孩子都向着生命的自由而来，他们虽然从呱呱坠地开始就依靠着父母，但是他们并不是父母的私有财产，父母也无权控制他们的人生。即便孩子的发展不能满足父母的心愿，父母也完全没有理由抱怨或者责难孩子，因为任何孩子都只需要对自己的人生负责。

就在刚刚洗澡时，妈妈和乐乐的关系还非常亲密。妈妈问乐乐："如果我们一家三口在漫无边际的沙漠里只剩下一块饼干，怎么办？"乐乐不知所措，反问妈妈："对啊，怎么办呢？"妈妈说："那就给你和爸爸吃，因为爸爸身强力壮，能够带着你一起走出沙漠。"乐乐的眼泪突然就出来了，他说："不，妈妈，咱们一家三口一起吃。"妈妈感动极了，为自己有这样一个好儿子而骄傲。

然而，半个小时之后，因为乐乐不小心打洒了一杯巧克力奶，弄脏了妈妈刚刚辛辛苦苦拖干净的地板，妈妈马上晴转多云，多云转阴，最后居然变得电闪雷鸣。看着又喊又叫的妈妈，乐乐简直难以置信：这还是我的妈妈吗？这是刚才说要把最后一块饼干留给我和爸爸吃的妈妈吗？妈妈发泄完之后，心中觉得很愧疚，看着躺在被窝里准备睡觉的乐乐，她赶紧俯下身去，温柔地对乐乐说："宝贝，晚安！"妈妈没有注意到的是，乐乐的眼睛里写满了困惑。

在这个事例中，妈妈就是典型的歇斯底里型人格者。她先是对乐乐非常耐心温柔，并且在得知乐乐对于问题的回答之后万分感动，恨不得把乐乐抱在怀里狠狠地亲一亲。然而，刚刚过去半个小时，当看到乐乐弄脏了她辛辛苦苦拖干净的地板，她马上就爆发了，冲动地对着乐乐又喊又叫。对于这样的突然改变，小小的乐乐未免觉得有些无所适从，毕竟他并不是故意要惹妈妈生气，也很不想把巧克力奶洒到地板上。后来，等到妈妈自己发泄完情绪，就又对着即将入睡的乐乐好言好语，乐乐简直难以理解。的确，他是很难理解妈妈为何在短短的时间里接连变脸，但是有一点是肯定的，即乐乐会因此而缺乏安全感，甚至对于妈妈产生不好的印象。

歇斯底里型人格者会在短短的时间里接连改变情绪和表情，甚至表现得判若两人。他们冰火两重天的情绪，往往使与他们交往的人很难适应，也感到难以接受。试想，当一个人前一秒还在对着你笑，后一秒却怒吼不已，让你马上从他眼前消失，你会是怎样的感受？你一定恨极了这个你前一秒还在爱着的人，恨不得自己从不认识他，也与他没有任何瓜葛。与此同时，你也会觉得非常痛苦，你不知道接下来该如何与他相处，你甚至无法预判他的反复无常。这样的不统一和骤变，是最让人困惑和难以接受的。

你的恐惧从何而来，根治唯有有的放矢

和宽泛的恐惧相比，还有很多恐惧是针对特定事物的。其实，和对大多数事情的恐惧相比，对特定事物的恐惧会显得更加强烈，不过在治疗和缓解恐惧时也会更有针对性。因而，我们无须因为对特定事物的恐惧而担忧，毕竟有些事物没有必要必须面对，而且对有些事物的恐惧也是可以采取一定的方法缓解的。

很多人都知道在治疗生理上的疾病时要对症下药，其实，治疗心理上的疾病也是同样的道理，即对症下药。如果想要彻底根治对某种事物

的恐惧，就要先弄清楚事情的起因。唯有如此，才能有的放矢，事半功倍。

晋朝时期，乐广在河南当官。他人缘很好，朋友遍天下，所以虽然背井离乡，但是依然有好朋友经常去他家里聚会饮酒。乐广很大方，每次朋友来了，都竭尽所能地招待，好酒好菜，不胜热情。然而，最近这段时间，朋友已经很久没有来乐广的家里做客了。乐广觉得很寂寞，因而特意去朋友家拜访，邀请朋友去家里喝酒。

到了朋友家乐广才知道，原来朋友自从上次在他家喝酒之后就生病了。朋友支支吾吾地不肯说原因，乐广再三追问，朋友才道出实情。原来，上次朋友捧起酒杯正准备喝酒时，突然发现酒杯底部有一条纤细的小蛇正在酒里游动。这条小蛇通体乌黑，看起来活灵活现，他断定那是一条活着的小蛇。但是碍于乐广非常热情好客，朋友不好推辞，只好硬着头皮把酒喝下，结果回家之后就一病不起。乐广听了之后左思右想，终于知道了问题的所在。他不由分说地再次把朋友请到家里，同样在客厅里摆好酒桌，而且安排朋友坐在相同的位置上，还给朋友用上次的酒杯。果不其然，当朋友端起酒杯时，脸上再次呈现出痛苦的表情，原来他又看到了上次的那条小蛇。这时，乐广扭头看看后方的墙壁，朋友突然恍然大悟地笑起来。果不其然，这就是乐广猜测到的事实，是乐广挂在墙上的弓箭雕刻的小蛇在光影的折射下，把影子投射在酒杯里，就像是一条活灵活现的小黑蛇。弄清了真相之后，朋友心病尽消，再也不觉得恶心了。从此之后，朋友隔三差五就来与乐广相聚，他们在一起饮酒寻欢，不亦乐乎。

这个“杯弓蛇影”的故事，相信朋友们早在读书时就已经知道了。因为弓箭上的小蛇折射在酒杯里，导致乐广的朋友喝酒之后马上生病，这其实就是对特定事物的恐惧。乐广看到朋友好久不来做客，因而特意去朋友家拜访，想探明原因。当听说酒杯里有蛇时，乐广也很困惑。经过思索，他才弄清楚事情的原因。不过，他并没有解释，而是再次把朋友请回家里，坐在相同的位置上喝酒。当朋友再次看到这条小蛇之后，乐广当场做出解释，消除了朋友的心病。如此一来，朋友心中的恐惧消失了，病自然也就好了。

现实生活中，很多人都对特定事物感到恐惧。通常情况下，这种恐惧是有原因的，往往是因为曾经的生活经历，所以心中才会留下阴影。诸如，如果一个人对于水的害怕超出常理，那么通常他被淹过，或者被水呛过。再如，如果有的人特别怕狗，那么也许是被狗追过，甚至是咬过。要想帮助他人消除或者减轻心中的恐惧，最重要的就是探明原因，然后有的放矢地帮助他们接受所恐惧的事物，切实认识到这些事物并没有那么可怕。

当然，还有的恐惧是莫名其妙的，没有任何原因。这主要是因为人们觉得这种事物让他们感到难受，或者让他们感受到威胁。人的本能就是趋利避害，这可以说是人们自我保护的机制在发生作用。日常生活中，恐高症、动物恐惧症等都很常见，还有些人的恐惧症比较特殊，是对尖锐的东西、锋利的刀具，甚至是对风或者孤独感到恐惧。由于这种恐惧是特定的，因而可以尽可能避免接触诱发恐惧的因素。实在无处可逃时，还可以进行心理干预，从而减轻恐惧的程度。

所谓系统脱敏，就是尝试着接触自己恐惧的事物，时间由短到长，渐渐增长，给心理一个适应的过程。当然，对于恐高患者来说，可以不靠近高层的窗户或者坐飞机，避免从事需要爬高的工作。很多事情都有解决的办法，只要我们努力战胜自己，成为真正的强者，就一定能够让诸多情况得到改善。当我们战胜了内心的恐惧，我们就能够无所畏惧地面对整个世界。

对密集的事物感到恐惧，是因为你想象太丰富

所谓密集恐惧症，顾名思义，就是对密集事物感到恐惧的心理症状。在《爱莲说》《荷塘月色》中出现的莲蓬，备受文人青睐，但在现实生活中却使很多密集恐惧症患者痛苦不堪。还有很多人都喜欢的向日葵，它们的花盘又大又圆，密密麻麻的都是成熟而又饱满的果实，看起来就让人心生喜悦。然而，密集恐惧症患者同样对此深恶痛绝。其实，密集恐惧症患者并非真的对密集的事物感到害怕，而是对密集的事物有一种本能的反应。在青少年之中，密集恐惧症更加高发和多见，实际上是因为青少年的想象力更加丰富，而且没有足够的经验应对这些刺激，最终导致思维不由自主地朝着坏的方向发展，心生恐惧。

由此不难看出，密集恐惧症患者的发病，与其强大的联想能力有着一定关联。他们害怕的并非物体本身，而是由此引发的可怕联想。患有密集恐惧症的患者，不管是看到向日葵，还是看到莲蓬，抑或是看到有很多小点点或者重复图案和花纹的布，都会觉得非常痛苦。也许我们还可以选择不看向日葵，但是当你行走在路边，看到那些密密压压地生长着的灌木叶时，是否也会有难受的感觉呢？因而，我们还是应该尽量想办法应对密集恐惧症，否则当其发展到一定程度，就会对我们的生活产生不良的影响。

最近，汪峰正在追求林丹。这不，刚刚下班，汪峰就在单位门口等

着林丹，要带她去一家新开的餐厅吃饭。

汪峰是南方人，天上飞的，地上跑的，没有什么是他不敢吃的。为此，他带着林丹去了一家以蜂巢为主题的原生态餐厅。进入餐厅之后，看着很多蜂巢的造型，林丹其实已经开始有些难受了。不过看到汪峰兴高采烈的样子，她不想扫汪峰的兴，因而一直强忍着。后来，汪峰很快地点了菜，并且脸上带着神秘的微笑，说："一会儿有个菜，你肯定没吃过，那可是人间美味啊，你必须吃！"林丹疑惑地说："到底是什么菜呢？我这样一个吃货，居然都没吃过。"等了一刻钟左右，服务员开始上菜了。

先是一个凉菜，紧接着林丹闻到一股奇异的香味，不禁朝着服务员手里的盘子看去。这一看之下，她情不自禁地发出一声尖叫。汪峰很惊讶，赶紧问："你怎么了？"林丹脸色苍白，指着服务员放在桌子上的盘子说："这是什么？"说完，她甚至害怕地闭上了眼睛，再也不愿意睁开，一连声地喊着："拿走，拿走，快点儿拿走！"看到林丹的反应如此激烈，汪峰赶紧喊来服务员把盘子拿走，这时林丹才心魂未定地睁开眼睛，说："刚才的是什么？"汪峰笑着说："是炸的竹虫啊，特别香呢！"林丹难受地说："我不能看到密集的东西，刚才差点儿昏厥了。其实刚进这家餐厅，看到蜂巢的装饰我就有些难受，但是我以为我能坚持，万万没想到你会点来那个玩意儿。有一次我在网上看到图片，整整难受了一天呢！"汪峰惊讶地看着林丹，林丹解释说："我有密集恐惧症，所以下次咱们约会的时候，你一定要记得不要穿密集图案的衣服啊！"汪峰这才了解真相，抱歉地说："真是对不起，让你受到惊吓了。放心吧，我一会儿打包带走，不会再让你看到了。"

在这个事例中，林丹就是典型的密集恐惧症者。不过，她的男朋友汪峰显然此前并不知道这件事，所以才会带她来到以蜂巢为主题的原生态餐厅用餐，还点了口碑很好的野味——炸竹虫。想必在这次经历之后，汪峰一定会牢牢记住林丹有密集恐惧症，甚至连选择约会的衣服都要多多注意呢！

密集恐惧症患者在生活中也很常见，只不过每个人的症状不同而已。有些患者症状较轻，虽然看到密集的东西有些难受，但尚且能够控制。有些患者则症状严重，一看到密集的东西，就会产生强烈的反应。在这种情况下，患者应该自己多多注意，尤其是与不熟悉的人交往时，一旦觉得不适，就应该及时告知。

事物在每个人心中投射的影像都是不同的，如果你是一个密集恐惧症患者，那么你一定要更加小心地照顾好自己。如果你的身边有密集恐惧症患者，那么你可要注意不要给他惊吓哦！

未知的世界，学会镇定自若地面对

相比较糟糕的结果，什么东西更让你觉得可怕？对于这个问题，很多人也许一时之间无法给出答案，但是心理学家对此给出了结论，即相当一部分人都认为，“未知”比糟糕的结果更加可怕。例如你正准备参加面试，但是你不知道面试官将会采用哪些变态的试题测试你，再如，你正给刚刚认识的女朋友发短信，但是女朋友的回信迟迟未来，因而你坐立不安，不停地想象着对方是否对你不满意。为了摆脱这种让人煎熬的感受，人们采取了很多办法，诸如关掉手机，或者做一些其他的事情转移注意力，甚至还有可能果断选择放弃。

什么是成熟？很多人觉得成熟是肉体和精神的双丰收。实际上，所谓成熟，只是你从心神不宁地面对未知，到现在能够镇定自若地接受一切的未知。为什么从古至今，人们始终热衷于算命、看手相、看面相呢？就是因为人们想要提前预知自己的人生。随着封建迷信的破除，现在的迷信行为已经销声匿迹，但是新的预知未来的方式层出不穷，诸如星座。这一切方式，对于我们而言，都是为了摆脱不确定的模糊和焦灼感。当然，未必所有人都会因为未知而感到焦虑，反而有些人喜欢迎接充满刺激的生活。假如让他们过那种一眼看到头的平淡寡味的生活，他们反而觉得无聊。但归根结底，生活中还是恐惧未知的人更多，因为他们不知道如何面对未知，如何坦然承受未知。当长期生活在不确定之中时，他们一定会感到万分焦虑，甚至被强大的压力摧毁。

阿雷和小雅几乎一天24小时黏在一起，却从不觉得厌倦。而他们共同的好朋友——阿米夫妇则完全不同。阿米在一家出版公司工作，担任市场推广。阿米的老公徐宇，则在乐队里当鼓手，也是整日奔波。由于阿米经常需要出差，所以他们夫妻常常聚少离多。对此，阿雷和小雅觉得不可思议。徐宇则说："我难以想象你们整日上班和生活都在一起的感觉，不会觉得无聊吗？我反倒很喜欢我和阿米聚少离多的状态，所谓小别胜新婚，怎么也能觉得新鲜点儿吧！"

有一段时间，阿雷和小雅的店关闭了，他们不得不各自分散去找工作。阿雷进入一家房产公司，由于公司有个项目在外地，他也不得不被派驻外地工作至少一年。当听到这个消息时，小雅觉得不可接受。后来，她思来想去，终于想出了一个好办法。此时的她正好还没有找到合适的工作，索性也收拾行囊，陪着阿雷一起去外地生活一年。看到如胶似漆的阿雷和小雅，阿米夫妇觉得很难理解。小雅却说："未来有着无限可能性，我们要去面对未知的未来，但是我们必须一起面对。”

在这个事例中，阿雷和小雅是一对感情深厚的夫妻，而且他们表达爱意的方式很统一，那就是在一起。为了不和阿雷分开，小雅宁愿背井离乡去外地生活一年的时间，与阿雷不离不弃。为了爱情，她无惧未知的未来，非常勇敢，也很坚定执着。

其实，人们的魅力恰恰就在于它的不可知。假如人生是一眼看到头的敞亮，没有任何弯弯绕绕，道路也始终平坦，那还有什么意思呢！其实小雅的选择也没有错，趁着年轻，四处走走看看，还能与爱人相伴，岂不是人生一大快意么！

当人们陷入几十年如一日的重复之中，人生就会变得僵化，丝毫没有创新的余地。看看那些成功人士吧，他们无一不是勇敢地突破自己，最终才取得了伟大的成就。尤其是那些科学家，如果总是满足于现状，又怎么可能突破自己，超越自己呢？从现在开始，不要再对未来心怀恐惧，让我们张开双臂迎接美好的未来吧！

第07章　强迫型、控制型人格：你的安全感到底应该从哪里来

强迫型人格是异常人格中常见类型之一。这类人的个性特点是过分追求完美、精确，容易把冲突理智化，具有强烈的自制心理和自控行为，甚至达到吹毛求疵的程度。而他们这种行为的心理原因是他们有着强烈的不安全感，在做事时总是犹豫不决，做出行动了又是唯唯诺诺，害怕出错，所以他们的心情总是轻松不下来。而对于这类人而言，最重要的是让心找到可以栖息的地方，找到安全感的来源，只有这样，才能让自己真的放松下来。

爱，是呵护和付出，而不是控制

爱情原本就是瞬息万变的，也许今日的爱到了明日，就变成了再纯粹不过的友谊，而当其中一方还没有从爱的温度里抽身而出，难免会为这过早消逝的爱感到悲观绝望。强迫型人格者的爱往往是超越理性的，是一种基于直觉的爱情，一见钟情的也见多数。然而，如此灼热的爱情就像飞蛾扑火，总是使强迫型人格者陷入惶惑不安之中，他们总是渴望把握一切，但是却又因为爱情的扑朔迷离而感到无力。对于生活，强迫型人格者总是需要更多更强烈的安全感，偏偏爱情不能给予他们。从这个角度来说，爱情本质上的不确定性，与强迫型人格者所追求的把控感和安全感背道而驰。

当强迫型人格者想要把爱情控制在手掌心时，他已经在爱情中占据了劣势。有人说爱情就像重感冒，因为在爱情之中，每个人的缺点都会

暴露无疑。强迫型人格者当然也深刻意识到爱情的本质和特点，因而他们总是小心翼翼地面对感情，不愿意为感情付出更多。在日常生活中，他们也不愿意站在伴侣的角度体谅伴侣，因而在恋爱关系中总是略显冷漠。人人都知道，爱情是让人意乱神迷的，但是强迫型人格者始终冷漠和理智的态度，总使他们表现得只重视道理，而忽视了感情。

在与伴侣的关系上，强迫型人格者中的男性，总是表现出一定的大男子主义。他们不愿意宠爱和呵护伴侣，而且喜欢对伴侣颐指气使。即使是女性强迫型人格者，也表现出强烈的支配欲和占有欲。这与忧郁型人格者在爱情之中表现出的强烈依赖性有着明显的不同。在这样强烈的占有欲和支配欲下，一旦伴侣表现出不顺从或者不配合，爱情就会随之消散。

马玉是一位典型的强迫型人格者。他早在结婚之前就和妻子约法三章，即婚后妻子主要负责照顾家庭，承包一切家务，而他则负责努力赚钱，为家庭开辟自己的事业。这个约定看起来很公平，一个挣钱一个顾家，但实际上剥夺了妻子发展事业的权利，表现出男权主义社会的特点。

结婚之后，妻子刚开始还对这样的生活甘之如饴，但是当看到身边的小姐妹在事业上都小有收获之后，始终默默无闻的妻子开始不平。她与马玉商量想要外出工作，也发展自己的事业，但是马玉却马上以婚前的约法三章为由，严词拒绝。无奈之下，妻子只得作罢，以家庭为重。后来，随着马玉事业上的风生水起，他越来越春风得意，对妻子也更加颐指气使。最终，妻子提出了离婚。

在这个事例中，马玉和妻子的婚姻看起来没有任何问题。也许在外人眼中，事业风生水起的马玉既没有在外面与其他女人勾三搭四，也没有抛弃糟糠之妻，应该算是有责任心的好男人了。但是妻子知道，马玉是如何的大男子主义，表现出强烈的男尊女卑思想。在这样的情况下，妻子长久以来一直在默默忍受，看着其他的小姐妹都事业有成，心理上根本不能获得平衡。

爱是无私的付出，而不是自私的占有。任何爱情，都应该是双向的关系。当我们为了爱情而无私付出时，倘若看到伴侣只想一味地凌驾于爱情之上，看着我们低到尘埃里，我们又如何能够做到一往如常呢？不管是在爱情还是在婚姻关系中，只有保持人格上的独立，才能更好地分享和体味爱情。其实，并非所有的强迫型人格者都是强权主义者。很多轻微的强迫型人格者，虽然感情不那么灼热，但是往往表现出难得的忠诚。他们就像是慢热型的爱人，也许反应有些慢，但是一旦爱情拥有温度，就会始终保持恒温，再加上他们不喜欢改变，默守成规，也因而能够对婚姻忠贞不渝，还算得上是个合格而又理想的爱人。总而言之，爱情不是占有，而是付出，先有付出才有得到。当你抱着对爱情付出的态度，你也就获得了更多的收获。

强迫型人格者总是胆小谨慎，他们无微不至地保护自己，具有强烈的自我保护意识。正因为如此，使得他们在爱情中犹如套中人一样，总是特别谨慎，从来不愿意纵情享受爱情。这给他们的爱情滋味大打折扣，但是因为他们已经习惯了这样的态度，因而并不觉得有什么不妥。作为强迫型人格者的爱侣，必须熟悉和适应强迫型人格者的性格特点。唯有如此，我们才能更好地与他们相处，以合适的温度和节奏与他们共享爱情。

不停地唠叨也是强迫症行为，多说未必奏效

人有七情六欲，强迫型人格者也是如此。如果用一个词语来概括强迫性人格者的愤怒，那么非“狡猾”二字不能到位。为什么这么说呢？从本质上来说，强迫性人格者的愤怒也是隐藏很深的，他们的愤怒与大多数人的直截了当和毫不掩饰的发作不同，总是潜伏在他们的心里，直到到了他们认为的合适时机才发泄出来。他们似乎天生就有一种本领，比普通人更能够控制自己的情绪。究其原因，他们总是害怕自己在情急之下说出让人难以接受的话来，也常常为此感到懊恼。尤其是在童年时期，他们知道必须掩饰自己的愤怒，表现出若无其事的样子，他们才能得到宠爱，或者避免受罚。然而，人是有感情的动物，很少有人能够避免情绪的发生。包括强迫型人格者在内，任何人都无法避免情绪产生。一味地压抑情绪，又会使强迫型人格者的愤怒郁结于心，不管是对身体健康还是对心理健康，都是不利的。

张叔是个典型的强迫型人格者，不管什么事情，他都希望家里人能够听从他的安排，就连女儿找对象这样的事情，他也毫不保留地发表自己的看法，甚至还想让家人都听从他的安排，和他同仇敌忾，一起讨伐女儿的男朋友。

原来，张叔的女儿娜娜是名牌大学毕业生，在一家外企工作，是个拿高薪的白领。对于娜娜的婚姻大事，张叔有着很高的期盼，他虽然不指望娜娜给他钓个金龟婿，也总想着娜娜会找一个不管是从人品、能力还是工作上，都很匹配的男朋友。但是偏偏娜娜找了个高中同学，不但学历不如娜娜，连工作也不太稳定。为此，张叔不停地唠叨娜娜，尽管娜娜已经把自己找男朋友的原则和标准都与张叔详细说了一遍，但是没

有任何效果。为此，原本只是在试着与男朋友相处的娜娜叛逆心顿起，原本还想认真细致考察男朋友一段时间的娜娜，居然毫不迟疑地与男朋友订婚了。见此情形，张叔捶胸顿足，懊悔不已。

张叔是强迫型人格，从遗传的角度来说，娜娜当然也有张叔的特质。因而，当张叔以不停地唠叨强迫娜娜听从他的建议时，娜娜偏偏背道而驰，来了个先斩后奏。其实，这就是两个强迫型人格者的碰撞。

从心理学的角度来说，虽然孩子是父母辛辛苦苦生养出来的，但是孩子并不是父母的私有财产，没有人规定孩子必须听从父母的。尤其是在孩子长大成人之后，理所当然开始有自己的决定，开始对自己的生活负责。在这种情况下，父母对于孩子只能提出建议，而不能强求孩子必须按照父母的意志生活和做出选择。就像事例中的张叔一样，很多父母在面对孩子的不听从时，总是企图通过喋喋不休地唠叨来强迫孩子接受他们的意见或者建议，不得不说，这是强迫型人格者的典型表现。很多话并不在于说的次数多就一定能够奏效，而是要合情合理，当然也取决于听者的心态。

还有些强迫型人格者不但不忍耐自己的情绪，还给强迫披上合理的外衣。他们总是绞尽脑汁地为自己的愤怒找借口、找理由，虽然做错了，他们却从不承认自己的错误，而是持续发酵自己的情绪。在这种情况下，强迫型人格者往往意识不到自己应该反思和改善，因而作为旁观者，应该以委婉的方式多多提醒他们，不要犯强迫主义的教条错误。

强迫型人格主义者的愤怒，似乎总是与权力分不开。天知道，他们的心中并非都是义正词严，也有很多的心虚胆怯。尤其是成人对于儿童施展强迫和权力，往往会导致儿童滋生强迫型人格，导致他们的心理产生一定程度的扭曲。所以，为人父母者在教育孩子时，必须多多注意。

爱需要经营，家重在舒适

从呱呱坠地开始，我们就在父母的身边，在父母为我们提供的家里茁壮成长。到长大成人，我们也开始憧憬着建立自己的家庭，为自己的孩子撑起一片晴空。无疑，家对于每个人而言都有着特殊的意义，尤其是现代社会生活压力这么大，每个人在外面奔波劳累一天之后，都想要回到家里享受片刻的温馨和宁静，恢复心灵的劳累。

曾经有位名人说，这个世界上绝没有两片完全相同的树叶，我们想说，这个世界上也绝没有两个性格完全相同的人。甚至对于家，也绝没有两个完全相同的家。不同性格、不同生活习惯的人，对于家的理解也是不同的。有人觉得家里就应该乱糟糟的，这样更富有生活的气息。有的人则认为，家必须干净整洁，才让人心情舒畅。甚至还有些有洁癖的人，对于家，收拾得简直比实验室更加纤尘不染。当然，如果夫妻二人对于家的追求都是一样的，或者都接受乱糟糟，或者都接受干净整洁，或者都希望家里纤尘不染，那就可以集中力量，朝着共同的目标奋进。然而，如果夫妻二人对于家的追求并不相同，如妻子喜欢脏乱，丈夫则要求纤尘不染，那么一定会导致纷争的出现，甚至为此争吵不断。

毫无疑问，爱情需要维护，婚姻需要经营，家也需要夫妻间的协调一致。在这种情况下，如果夫妻对于家的理解有所不同，有争议，那么必须及时沟通，达成一致。唯有如此，家，才能让彼此都感到满意和舒适。

自从结婚以后，丽丽就陷入了无穷无尽的痛苦中。原来，丽丽有洁癖，而且是非常严重的洁癖。早在出嫁之前，她的卧室就必须保持纤尘不染，当然这都是由视她为掌上明珠的妈妈负责清扫的。结婚之后，当然不可能让妈妈每天来帮她打扫卫生，而丽丽一个人清扫100多平方米的三居室，显然有些吃力。尤其她的老公小连还是个邋遢鬼。每天早晨因为时间紧张，丽丽起床之后都匆匆忙忙的，根本没有时间收拾一夜之间变得像猪窝一样的家。而当上了一天的班，满身疲惫地回到家里之后，看到窝在沙发里动也不想动的老公，她就气不打一处来。她总是气鼓鼓地拿起吸尘器开始清扫地面，收拾乱糟糟的床。每当她抱怨家里就像猪窝时，老公总是不以为然地说："再过几个小时又要睡觉了，把床收拾得怎么干净干嘛使啊！至于地面，一个星期清扫一次就可以了，咱们白天关门闭户的也不在家，也没有那么脏乱啊！"接下来，他们难免会爆发一通争吵，主要就是丽丽嫌弃小连太邋遢，太懒惰，丝毫不讲究卫生。

虽然丽丽牢骚满腹，还得不辞劳苦地打扫卫生，但是挡不住小连也有意见。原来，小连虽然也在城市长大，但是他的母亲是个很随性的人，很少把家里收拾得干净整洁，纤尘不染。因而，小连这几十年来已经习惯了在安逸舒适的环境中生活。但是，每当丽丽气喘吁吁地把家收拾好，马上就会要求他不许赤脚在地上走来走去，因为这样会留下脚印；喝水的时候一定要注意，一滴都不能滴在地上；坐在沙发上也要正襟危坐，否则就会把丽丽刚刚铺好的沙发巾弄乱。结果，小连觉得很别扭，他不但不感激丽丽打扫卫生，反而觉得丽丽处处都在限制他的自由。就这样，小连和丽丽经常因为卫生问题吵架，感情也受到了影响。有一次，丽丽回家向母亲抱怨家里乱得像猪窝，还告诉母亲小连是个懒汉，什么也不干。母亲笑着说："丽丽，你要记住，你现在已经不是单身了。所以，你的生活习惯既要保持，也要变通。如果你的纤尘不染让小连感到别扭，那么你们俩的家对他还能有吸引力吗？我觉得你们可以各自退让一步，让他尊重你的劳动成果，你呢，也要给他适度的空间享受自由，你觉得呢？”妈妈的话使丽丽茅塞顿开，但是她很难控制住自己的完美主义情结作怪。有一次，小连不小心把果汁滴到地上留下了痕迹，丽丽虽然很想拿起抹布擦干净，但是一想到妈妈的话，她又安慰自己：一点点果汁的印记，并不显眼，也很难注意到。就这样，她一个晚上都在控制自己不要打扫地面，以免给小连压力。渐渐地，丽丽的完美主义情结越来越轻，对于卫生，也不再那么吹毛求疵了。小连呢，看到丽丽每次都任劳任怨地打扫卫生，也越来越注意卫生问题。结果，他们彼此的迁就和包容使得他们感情越来越好了。

对于那些喜欢安逸舒适的环境的人而言，如果家变成了纤尘不染的实验室，那么他们一定觉得非常痛苦。因为他们既不忍心破坏实验室的整洁和秩序，又想更加随性地待在家里。在这种情况下，强迫型人格者的配偶一定要及时调整自己的心态，千万不要拿着对自己的严格要求去要求另一半，否则就会使其无所适从。

家，是包容，是爱，是宽待。既然是同在一个屋檐下生活的一家人，就要在生活的各个方面多多包容，唯有如此，才能彼此融合。对于任何一个家庭成员而言，做任何事情都是为了整个家好，因而即便是生活习惯，也不能只从自己的角度出发，而不顾及家人的感受和喜好。就像婚姻需要磨合一样，对于家的经营方式和态度，也是需要在现实生活中不断调节的。

不管是喜欢乱糟糟但是安逸舒适的家，还是喜欢干净整洁且纤尘不染的家，都无可厚非。我们无须在乎家以外任何人的评价，只要我们的家不影响他人的生活。我们需要注重的是每一个家庭成员的感受，尤其是你的爱人和伴侣的感受。毕竟，对于孩子而言，父母的恩爱和谐就是命运赐予他们的最好礼物，任何时候，父母都应该给孩子一个充满爱的家，而不是一个冷漠或者充满火药味的家。

适度释放自己，才能活得舒心和快乐

很多强迫型人格者，都很在乎别人对他的看法和评价。尤其是完美主义情结者，更是把别人的褒贬放在第一位。实际上，每个人都有属于自己的生活，别人并非处于你的位置，也就不可能真正做到设身处地地为你着想，因而你只需要对自己负责，做自己想做的事情，并且管好自己不要危害他人和社会，就可以了。当你过于在意他人的想法时，你就会变得故步自封，根本不知道如何更好地表现自己，甚至还会畏手畏脚，裹足不前。

尽管纵情放纵是不被提倡的，但是适度地释放自己，对于承受巨大的生活和工作压力的现代人而言却必不可少。有些人就像契诃夫笔下的套中人，不管做什么事情都瞻前顾后，也不敢以自己真实的面目和想法示人。实际上，这样活着还不如死去。每个人都崇尚自由，如果没有自由，生命还有什么意义呢？还有些人则为了让自己表现得更加完美，从来不愿意放纵自己，以避免暴露缺点。难道你自诩完美无瑕，你就真的无可指摘了吗？每个人都是有缺点的，不管你是否掩饰，缺点总归存在。我们可以避免自己的缺点或者放纵给他人带来困扰，甚至是伤害，却没有必要为了追求完美，而虚伪禁锢地活着。

如果你平日里循规蹈矩惯了，那么等到你偶尔放纵一下，就会发现释放自己的快感让你如上云霄。老夫还聊发少年狂呢，年少何不轻狂？当然，过于轻狂不好，但偶尔轻狂一下，你会感到自己很有气势和魄力，也变得更加真实自在。

西西是个典型的强迫型人格者。对于自己的未来，她一直有着刻板的规划，她希望自己能够在大学毕业后考上研究生，从而继续留在象牙塔中深造学习。从小就学习成绩优异的她，并不是以学习为乐趣，而是觉得自己理所应当从别人那里得到赞美和羡慕的眼光。她很喜欢别人夸赞她，因为她从小到大已经习惯了。为此，她每天都在不遗余力地努力，生怕自己有丝毫懈怠，会让自己失去赞许。眼看着毕业在即，很多同学在找工作之余，开始忙着进行告别的聚会。唯独西西，很少参加同学们之间的聚会，她总觉得以后见面的机会还有很多，应该抓住最后的时间进行冲刺。最终，西西的研究生考试落榜了，她无比失落。

好朋友看到西西失落的样子，特意拉着她参加聚会，一通胡吃海喝之后，他们还去了酒吧唱歌跳舞。原本西西很抗拒，但是几杯啤酒下肚，很少喝酒的她变得亢奋起来，虽然脑子很清醒，却一改常态地忍不住要嗨一嗨。同学们看着亢奋的西西，都觉得很陌生，但是也很高兴。终于，这个清冷孤傲的女神，也开始放纵啦！

经过大半夜的疯狂玩乐，又经过一个深度的睡眠，一觉醒来的西西觉得自己仿佛获得了新生。原本在她心里至关重要的考研，此时此刻似乎显得没有那么重要了。她感到浑身轻松，也有了更多的空间思考自己到底应该如何选择。

强迫型人格者的完美主义情结，往往使他们在生活中很难放开自己。殊不知，每个人都需要身心的彻底放松，尤其是在这个焦灼不安的现代社会，我们只有学会放松自己，放空自己，才能让身心变得轻盈。否则，我们就会像背负沉重的壳的蜗牛一样，再也无法坦然面对自己的心灵。

通常情况下，轻微强迫型人格者，并不会因为对完美的追求而变得吹毛求疵，相反，他们很乐意督促自己变得更加勤奋，从而向着目标不断前进。一旦强迫型人格者变得严重，过于追求完美，则会给心灵压上沉重负担。

如果一个人总是被强制要求这么做或者那么做，但是在他们表示疑问时，却没有任何人告诉他们必须这么做或者那么做的理由，那么他们只能照做。长此以往，他们也会渐渐养成强迫别人的习惯，甚至觉得这就是强者与弱者唯一的交流方式。

没有谁非要听你的，你不可能掌控每个人

生活中，很多人逆来顺受，唯唯诺诺，不管做什么事情都要倚靠别人才能做出决定。这样的人未免让人气急，因为他们根本没有主见，就像一个提线木偶，一旦失去操控者，他们就会变得无所适从。与这种类型的人相对的，正是提线木偶的操控者。他们总是很有主见，从不愿意接受别人的操控，而恨不得身边的人全都成为他们的提线木偶。他们总是自信心爆棚，任何时候都坚定不移地相信自己的能力，甚至还觉得自己是救世主，这个世界如果没有了他的存在，所有的运转都会变得异常，甚至连地球的转动都会失去规律。那么，他们为什么如此热衷于操纵他人呢？

众所周知，每个人在生活中都希望谋取自己的利益，在考虑问题时都不可能做到绝对的客观公正，而是会情不自禁地从自己的需求和利益出发，做出选择。那么，当别人也为了自己的利益考虑，尤其是当利

益对立的时候，主宰者的利益难免会受到侵害。在这种情况下，如果主宰者能够左右他人的思想和感情，让他人心甘情愿地放弃自己的利益，或者向着主宰者的利益倾斜，那么主宰者的利益就得到了保障。此外，还有一些主宰者在操控他人时，完全是无意识的，他们并没有明确的利益驱使或者动机，而是他们本来就习惯让别人按照他们的旨意生活与行事。当遭到反抗时，他们往往觉得无所适从。尤其是当父母具备这样的操纵人格时，孩子就会失去主见，变成父母的傀儡，最终难以成才。

小鱼已经是一名高一的学生了，不过他所就读的学校并非重点高中，这让父母非常着急，总想着在小鱼繁重的学习任务之余，再给小鱼多报几个班，帮助他拓展学习的宽度，加深学习的深度。小鱼非常抵触父母的这种想法，几次告诉父母他并非学有余力，能把学校老师教授的课程学好就已经很不错了。但是父母却坚持己见，尤其是母亲，甚至不顾小鱼的意见，私自给小鱼报了两个课外补习班，把小鱼仅有的一点课余时间也给霸占了。

这不，眼看着周末到了，小鱼这个星期日下午有半天的休息时间，原本他想约同学一起去游泳，母亲却斩钉截铁地说："这都上高中了，还有心思游泳？哪里都不许去，老师下午1点就会到咱们家里来给你补习英语，3点钟是数学。"听了妈妈的话，小鱼瞬间石化了。这么说来，他只能把作业留到晚上写了，根本比上课还要忙碌和紧张。看着小鱼极不情愿的表情，母亲毋庸置疑地说："就这样定了，原本晚上想安排你参加作文辅导班的，但是想到你还得写作业，所以就没有报名。"对于母亲这样的强势安排，小鱼尽管嘴上没说什么，但是心里却很反感。因而，在英语补习课和数学补习课上，小鱼哈欠连天，根本没有听清楚老师在讲什么。尤其是这样过去几个星期之后，小鱼的英语成绩和数学成绩非但没有提高，反而倒退了十几个名次。看着小鱼拿回家的月考试卷，母亲恨铁不成钢地说："你呀，我的钱都扔到水里听响啦，你知道一次补课费是多少钱么！"小鱼不以为然地说："我说了我不是学有余力，我原本就已经很吃力了，你再给我加重负担，也许我很快就会撂挑子呢！"小鱼的话给母亲敲响了警钟，在父亲也反对的情况下，母亲终于改变了偏执的想法，与小鱼达成了君子协议：只要每次考试排名班级前十，可以先不报补习班。

在这次约定之后，小鱼果然精神抖擞，为了能够暂时免遭补习班的摧残，他非常积极主动地学习，此后接连几次考试，成绩都在班级前10名。

当母亲以先斩后奏的方式"绑架"小鱼之后，却失望地发现小鱼的成绩非但没有进步，反而退步了。原来，小鱼是在以这样的方式消极抵抗母亲的强制安排，他已经是高一的大男孩了，很想成为自己学习和生活的主宰。经过一番抗争，小鱼果然如愿以偿，真的与母亲再次达成协议，也暂时避免了遭受补习班的摧残。现在的小鱼因为主动地选择了自己想要的学习方式，反而劲头十足，学习上也更有积极性了。

没有人愿意成为别人的玩偶，即使那些喜欢被安排和操控的人，最开始的时候也很排斥成为玩偶，只是从小在无意识的状态下被安排习惯了，所以失去了主动性。现代社会竞争越来越激烈，人们的生存压力越来越大，为了帮助孩子从小就赢在起跑线上，很多父母都不遗余力地安排孩子的生活和学习节奏，恨不得帮助孩子把人生的每一步都计划好。这样严丝合缝的疼爱，最终只会让孩子变得失去主见，成为没有独立性的提线木偶。从表面上看起来这是爱孩子，实际上是深深地害了孩子，甚至会毁掉孩子的一生。

控制欲强的人很独断专行，他们很少愿意真正采纳别人的建议，甚至连听也不愿意听一听。他们总认为自己是绝对正确的，而只要是与他们意见不一致的人则一定是完全错误的。对于这样的人，我们必须坚持自己的主见，坚持客观公正地看待和处理事情。唯有活出属于自己的精彩，我们的人生才能算得上是成功的人生。

孩子不是你的私有财产，别让孩子替你完成梦想

没有任何人的人生是绝对完满的，很多人的人生都留有缺憾，有些人接纳这些缺憾，有些人则始终怀有遗憾。在这样的现状之下，无数的父母开始把孩子作为自己梦想的传承者，希望孩子能够代替自己实现未完成的事业或者是未竟的梦想。然而，孩子真的愿意吗？

虽然孩子是父母生命的延续，是父母倾尽心血养育和培养出来的，但是孩子从来都不属于父母。他们怀着对自由的渴望来到这个世界上，只是在年幼的时候依赖于父母，而一旦羽翼丰满，就恨不得马上离开父母的怀抱，投入到自己广阔的人生天地之中。作为父母，呕心沥血地养育孩子固然值得赞许，但是如果把孩子视为自己的私有财产，甚至觉得孩子的一切都应该由他们做主，那么则是失败的父母。所谓父母子女的缘分，无非是父母看着孩子渐行渐远。他们出于自己的本能，在孩子没有自立能力时给予孩子良好的生活条件，在孩子长大成人之后，再来扶持孩子获得精神上的真正的成长和成熟。合格的父母，是从来不会让孩子替自己背负沉重的。

作为家族企业的继承者，戈丁是个很有前途的富二代。因为他完全

不同于其他整日游手好闲、好吃懒做的富二代，他本人非常聪明勤奋，在学业上的表现简直超过了很多早当家的穷人孩子。为此，父亲也感到非常欣慰，几次三番地表示等到戈丁大学毕业后，就把产业交给他来打理，自己则退居二线，过轻松闲适的生活。对此，戈丁虽然心中有着不同的想法，但是从未说出来。

尽管戈丁读大学时按照父亲的愿望，选择了企业经营和管理，但是实际上他最喜欢做的工作却是烘焙糕点。每当闻着小麦的香气从烤熟的蛋糕中散发出来，他都会发自内心地感到满足。戈丁一直梦想着开一家蛋糕房，这样他就可以每天都为父亲做一些美味可口的糕点。然而，命运总是如此捉弄人，在戈丁大学刚毕业之际，父亲就因为突发重病住进了医院。不得已，戈丁只得接替父亲的工作，打理庞大的企业。半年之后，父亲才出院回家疗养，戈丁忙活了整整一个下午，亲手为父亲制作了一块巧克力慕斯。看着戈丁端着巧克力慕斯走出厨房的样子，父亲深受震撼。戈丁那么小心翼翼地捧着蛋糕，仿佛那是他精心抚育的孩子，现在终于成人了，要实现自己的价值了。看到戈丁的样子，父亲意识到戈丁虽然把公司打理得很好，却并不快乐。思来想去，父亲决定不绑架戈丁。

很快，痊愈的父亲重新回到公司，他对戈丁说："我还不算老，还可以继续经营公司。至于你，我最亲爱的儿子，我希望你能从事你喜欢的工作，并且从中获得真正的快乐。"

曾经一直在操控戈丁的强势父亲，在看到戈丁小心翼翼地捧着蛋糕的样子时，不由得深受感动。最终，他决定不再逼迫戈丁做他不喜欢做的事情，而是给他自由，让他从事自己真正喜欢的工作。就这样，戈丁重新找回了自己，也找回了属于自己的那份简单纯粹的快乐。

常言道，人各有志。三百六十行，并没有高低贵贱之分，并不是说你当一家公司的总裁就肯定幸福，也不能说守候在路边乞讨的乞丐就一定生活悲惨。归根结底，幸福只是人心底里的感受，完全取决于人们的真实内心。所以，从现在开始，如果你是父母，那就给孩子自由的空间去选择自己的人生吧！如果你正在被父母强迫着接受他们的想法，那一定要坚持自己的主见，千万不要因为一时冲动就放弃自己的梦想。对于任何人而言，梦想都是至关重要的，是人生的引航灯。唯有坚持梦想的人，才有可能取得成功。

强迫孩子继承父母的梦想，在当今社会非常普遍。父母总是想把一切最好的给孩子，甚至觉得孩子自己摸索和探讨人生是浪费时间，因而他们不由分说地全盘代劳，最终非但没有落到好处，反而不是毁了孩子，就是被孩子埋怨。与其这样被动地当父母，不如做到真正地放手，让孩子们更加自由自在地成长，拥有属于自己的人生。

下 篇

洞悉微心理

第08章　说话习惯与微心理：不同的说话习惯与不同的性格有关

现代社会，随着竞争的逐渐加大，一些人习惯了隐藏自己。人际交往时，单从对方所说出的话去了解一个人，已经变得不再那么现实了。但其实，在观察微动作的同时，我们还可以从彼此的言谈话语间找到一些细枝末节的突破口，如说话方式、打招呼的方式、口头禅、语气语调等，将这些与微动作结合起来理解，能帮助我们更快、更快地把握人心。

说话慢条斯理、逻辑清晰的人温和理性

在现实生活中，我们经常遇到这样一类人：他们说话比较慢，而且很有逻辑性、条理性。这种说话特点大多见于长者，他们给人的感觉很温和，永远一副不温不火的状态，而且，他们在分析某些问题的时候，理性大于感性，能够恰到好处地指出事情的焦点，而这样的人皆可成大事。其实，一个人的说话方式能直接反映出其性情特点。一个人说话慢，那表示他正在思考或整理脑中的信息，自然会放慢说话的速度。在说话的过程中，他呈现在人们面前的形象自然是温文尔雅、做事有条理。相反，在生活中，有些人说话总是一副急躁的样子，第一句话尚未说完，舌头已经开始打转，第二句话也快说出来了。这样的人说话没有条理，在他身上自然体现不出温和与理性来，而如此急躁性子的人，经常会做一些缺乏思考的糊涂事。

一个人说话有条理就注定他说话的速度不能太快，因为他还要花时

间将自己想要说的话整理整理，把它们编排一下次序，再说出来，这样可以体现他有很强的目的性和逻辑性。说话速度不能太快，他自然是一字一句说清楚，速度慢了下来，言语自然就有了温和的味道，因为我们从来没见过一个说话像机关枪的人表现出温和的姿态。因此，如果你想成为一个温和而理性的人，那么，在说话之前，你需要知道自己的目的是什么，或者先想好了再说，以免言多必失。说话慢而有条理的人，无论说话的时间是长是短，他们都可以轻松应对，而且，在整个说话过程中能保持思路清晰，条理分明。

一个人说话速度快的时候，他的内心就会陷入急躁的状态，这时，他已经丧失了理性的思考，而是逮到哪句就说哪句。结果可想而知，他说出来的话往往是缺少思考的。其实，说话慢而有条理性，还有一个好处就是能让对方更好地接受自己所说的话。例如，教练这样说话："今天练得不错，要是油门踩得再轻一点就更好了。""没问题，你考试时就这么做肯定能过，不要紧张。"几句温和的话一说，学员腿也不抖了，方向盘也能抓得更稳了，会更有效地掌握动作要领。

1.说话没条理，做事没逻辑

在许多场合，尤其是公司开会的时候，我们经常会看到这样的现象：上面的人唠唠叨叨讲了很长的话，下面的听众却如坠云里雾里。正在大家猜想到底是什么意思的时候，说话者却说："以上很简单地发表个人的一点点看法，请各位多多指教。"这时，听众席则传出一阵议论声："说了大半天，还说这是简单？""简直是浪费我的时间，说话没条理，想到哪里就说到哪里"。

说话者的说话方式令人生厌，原因之一就是其说话缺乏条理性，没有整理出自己说话的重点，让人不知道他在说什么。而说话缺乏条理的人，做事往往也缺乏逻辑，而且经常会把事情搞砸。

2.说话缺乏条理的人的性情

那些说话缺乏条理的人，他们缺乏理性逻辑思考能力，喜欢以自我为中心，别人的想法和建议，他从来都听不进去，但自己又拿不出适当的逻辑理论。他们在做事时根本不懂为别人着想，只是一味地按照自己的想法去做，不为自己的言行负责，不懂得顾及别人的感受。

口吃是内心自卑的一种表现

听说，有这样一个口吃的男青年，他的口吃就像数学里说的“增函数”：当他遇到的人地位越高、官衔越大，那么，他的口吃就越厉害；相反，若是遇上官衔不如自己、地位比自己低的人，那他则一点也不结巴。在这里，口吃并不是生理疾病，因为在面对不同说话对象的时候，他的口吃毛病是时有时无的，那表示在某些时候，他是没有口吃的，而在特别的时候，他则有严重的口吃。既然口吃不是生理缺陷，那就是心理上的问题。有的人平时说话好好的，一上台讲话就口吃，他们想通过买什么仪器、药物进行治疗，却发现一点效果都没有。这是为什么呢？因为他们忽视了一个严重的问题：口吃主要是心理上的问题，是在无数次自卑、害怕、逃避中形成的。事实上，那些说话偶尔口吃的人，他们缺乏自信，其内心是自卑的。

在陌生的社交场合，与人交谈的时候，许多人都体验到了不同程度的畏惧心理，而那些性格内向且有偶尔口吃的人的体验将更明显一些。他们害怕与人交往的心理过于严重，在与他人交谈的时候，他们同时伴有心慌、气短、出虚汗、面红耳赤、张口结舌、手足无措的现象，越怕越不能克服，口吃的现象也越严重。其实，口吃有这样一个规律：越怕，它就越重；越打，它就越强。在对待口吃的时候，你对它的作用越小，它对你的反作用力就越小。与人交往，有一定的恐惧心理是很正常的，但千万不要被恐惧、紧张的情绪所控制。只有克服内心的自卑，对自己有信心，你才不会被自己绑住手脚，而是轻松自如地社交。

有一位专门矫治口吃的专家讲述了这样一个案例：

有一个姑娘，她在某个招待所工作，负责旅客的住宿登记。不知道从什么时候开始，姑娘染上了一个毛病，当着众人说话就浑身发抖，结结巴巴，把话说的一塌糊涂，或者干脆说不下去了。但是，她也是分人的，如遇到身边熟悉的朋友，她是不口吃的，但遇到一些陌生人，或者有名气的人，她就口吃得很厉害。

她来找我咨询的时候，在我面前，她口吃的症状没有了，说话也流利了。这是为什么呢？原来，她一来到我的咨询室，就很愿意和急于把自己的症状暴露给我，以便我能“对症下药”。这样一来，她对自己平时非常在意、竭力对抗的症状放松了，口吃的症状反而消失了，表现不出来了。不过，当她回到日常生活中的时候，就又开始口吃了。

对她这样的情况，我做了这样的总结：“你的口吃是内心的自卑引起的，由于缺乏自信，没有明确的自我价值感，你惧怕，你想要遮掩自己某些不足之处的意识很强，在这样的情况下，你很容易产生口吃这样的心理症状，并予以不断强化。”

这个姑娘与那个口吃男青年一样，他们口吃的本质在于内心的自卑。当一个人自卑的时候，往往很在意别人对自己的看法，尤其很在意那些自己比不上、认为很重要的人的看法。而这样的过分惧怕引发了他的紧张心理，最终就表现为某种具体的心理症状，诸如口吃。

在中外历史上，有许多名人也曾经是口吃患者。例如春秋时期的管仲、英国前首相丘吉尔，而当代文学家沙叶新也曾经患过口吃。他在《我曾经是……是个结巴》中写道："我很小就患口吃……因为'同志'的'同'字怎么也说不出来。憋了老半天，非得重重的一跺脚，才能说出来。每次跺脚时'嘭'的一声巨响，声震四座……上了高中以后，因为发表了诗歌和小说，很受同学的尊重，自信心随之增加，口吃也逐渐地不治而愈。到了大学，更是踌躇满志，不但自信甚至自负，口吃更是消逝得无影无踪……"如此看来，自卑是引发口吃的根本原因，而治疗口吃的最佳途径则是克服内心的自卑。

1.口吃是一种心理疾病

有口吃患者曾提出了这样一个问题："口吃矫治的方法都大同小异，大都是心理疗法、发音法、呼吸法等，但是，明明我在矫治班里已经不口吃了，但回到现实生活中，遇到以前发生口吃的场合，还是会复发，这是怎么回事呢？"

其实，他的问题恰恰说明了口吃是一种心理疾病，根本在于克服内心的自卑。如果你对自己还是缺乏自信，那么，即使你在矫治班已经说得很流利，但回到现实环境中还是会口吃。这个道理很简单，因为你仍然十分在意或惧怕别人怎么看你，你内心仍然是自卑的。

2.自卑心理疾病的具体表现

自卑的人一般都比较敏感脆弱，经不起挫折打击。一旦遭受挫折，就很容易意志消沉，增强自卑感。另外，自卑的人心理防御机制多数是不健全的，自我评价认知系统多数比较偏低。因此，他们在遭受挫折与失败的时候，往往怨天尤人，轻视自己，不能客观地分析环境与自身条件，进而造成心理失衡。

少言寡语且谈吐幽默是智者的专利

在生活中，我们经常会被这样的人所吸引：他们平时看起来沉默寡言，没有多少话，但是，一开口就博得满堂彩，因为他说话很幽默、很风趣。如此话语不多但懂得幽默的人，他们往往是充满智慧的。一个人的智慧决定其幽默风趣的说话方式，而幽默的语言风格更使一个人绽放出智慧的色彩。幽默是智慧的迸发，是善良的表达，更是人际交往的润滑剂，而不可否认的是，幽默的智慧让一个人看上去更显睿智。一个充满智慧的人，不一定懂得幽默，但一个言语不多却幽默的人，他无疑是充满智慧的。在平日生活中，有朋友做错了事情，你不妨幽默一下："来！谁怕谁，乌龟怕铁锤，蟑螂怕拖鞋。大家一起来！让我们想想看，有什么方法可以解决这个问题！"一下子就将紧张的气氛瓦解了。这时，幽默代表着一个人的危机处理能力以及智慧的反应，它使得一个人的形象更显睿智的魅力。

总所周知，在美国政坛中，每个政客都需要接受幽默的训练，以图在演讲与辩论中抓住听众的心，同时展现自己的睿智。甚至，人们有这样一种潜意识：在美国政界，一个不具备幽默感的人是不配从政的。事实上，在我国领导人中也不乏幽默者，如周恩来总理就是以幽默机智而驰名中外。郭沫若曾评价周恩来"考虑问题之迅速如点火击空，之周密如水银泻地"。柬埔寨元首西哈努克也曾评价周恩来是他"遇见的国家领导人中最聪慧、最幽默的一位”。

在一次记者招待会上，一位西方记者问周恩来总理：“请问，中国人民银行有多少资金？”周总理听出他是在讥笑我国贫穷。对此，周总理没有做正面回答，而是巧于迂回、避实就虚地说：“中国人民银行货币资金嘛，有8元8角8分。”接着，周总理做了这样的解释：“中国人民银行发行面额为0元、5元、2元、1元、5角、2角、1角、5分、2分、1分这10种主辅币人民币，合计为8元8角8分。中国人民银行是由全国人民当家做主的金融机构，有全国人民做后盾，信用卓著，实力雄厚，它所发行的货币，是世界上最有信誉的一种货币，在国际上享有盛誉。”周总理这样一说，顿时引来全场掌声。

在回答记者犀利的问题时，周总理很好地采用了避实就虚的技巧，没有正面去谈中国的贫穷，而是幽默地把话题引到中国货币上来了。如此展现的幽默是一种风度，更是一种智慧，寥寥数语就化解了原本尴尬的局面，而周总理作为领导者的睿智形象一下子就展现在人们面前了。

在日常生活中，那些言语不多、说话幽默的人到底有哪些智慧呢？

1.幽默者有较高的观察力和想象力

幽默者说话具有反应迅速的特点，那么，幽默者必须是思维敏捷、能言善辩。幽默者只有具备了较高的观察力、想象力，才能对生活中或身边的人和事观察细致入微，才能在说话过程中灵活地运用比喻、夸张等方式说出幽默的话语。

2.幽默者有较高文化修养和语言表达能力

一个人如果了解和掌握了有关古今中外、天南海北、历史典故、风土人情等各种各样的知识，那么再加上丰富的语汇、灵活多样的语言表达方式，讲起话来就会得心应手，自然就容易活泼、生动有趣。

3.幽默者具有高尚的情趣和乐观的信念

一般来说，幽默的语言是建立在一个人有较高的思想境界和较高的涵养上的。如果他心胸狭窄、思想颓废，那么，他是不会懂幽默的。恩格斯曾经说："幽默是表明人对自己事业具有信心并且表明自己占有优势的标志。"因此，幽默永远属于那些拥有热情的人，属于那些生活的强者。

言语唯唯诺诺的人，内心多懦弱

唯唯诺诺是形容自己很没有主见，心中没有主意，总是一味地顺从、恭顺听话的样子。然而，在我们身边的朋友、同事中，有的人就习惯用这样的态度说话。在他嘴里好像从来不会说出"不"，总是"好""是的"。面对别人的提问，他从来都是只点头不摇头，好像他凡事都听别人的。其实，就日常交际来说，那些习惯于用这种态度说话的人是不会受到大家欢迎的。或许，有人会觉得这样的人是一个很好的聊天对象，他从来不反对自己的意见或想法，但是，如果你习惯于对着一个木偶说话，那么你应该知道跟这样的人交流是一件多么痛苦的事情。难道他们真的没有自己的主见吗？当然不是，每一个人都有自己的想法，他之所以说话唯唯诺诺是源于心中的胆怯。你可以经常观察那些说话唯唯诺诺的人，其实他们就是内心胆怯的人。

在他们身上总是残留着这样的影子：说话异常小心，害怕自己的言语会遭到对方的反对；不管你的装扮是多么离谱，但如果你硬是要他评论，他总是会说“我觉得这身挺好的”，从来不说自己的意见，百分之一百认为对方的话就是正确的。虽然，我们讨厌那种凡事都喜欢争个高下的人，但是，这种说话总是唯唯诺诺的人会更加令我们讨厌。因为和这样的人交流总是让我们觉得很累，我们根本不知道他的真实想法是什么，所以也就不知道该怎样和他说话。大量事实证明，这样的人无论是在工作还是生活中，都会遇到很大的障碍，他们无法展现出自己的能力，换句话说，他们不敢展现自我。

那些说话唯唯诺诺的人就像是装在套子里的人，他们把自己包裹了起来，让人们看不到其真实的面目，他们总是以一副顺从的样子出现在人们面前。谦虚是一种美德，但唯唯诺诺却并非是谦虚，只是呈现出内心的胆怯，只会让对方觉得说话者太胆小，同时，也会给对方留下没个性、没主见的印象。

说话总是唯唯诺诺的人，他们内心的恐惧点在哪里呢？下面我们来一一分解。

1.童年时期的阴影

有的孩子从小就接受父母“军事化”的教育，如从小就被父亲打大，无论做对做错都要挨打，必须无条件服从父母的管束。在长大之后，他就自觉地认为别人的话都是对的，自己想的都是错的，别人让他去做什么他就去做什么。然而，他潜意识里却不太相信别人，说话时需要时刻看对方的眼神。因此，他最终养成了说话唯唯诺诺的习惯。

2.不自信

大多数人说话总是唯唯诺诺，内心胆怯是源于不自信。他们内心其实并不想笑也并不愿附和，只是害怕自己做出这样的行为之后对方就会讨厌自己，所以，他想要讨好所有人，逼自己放弃想法，逼自己说出言不由衷的话，久而久之就养成了习惯。

3.城府很深

有的人习惯于在上司面前说话唯唯诺诺，而且，他在同事面前也伪装成老好人，谁也不得罪，这样的人其实内心也胆怯，但其原因却在于害怕人们发现他心中不可告人的秘密，所以，他们需要通过伪装生活，这样的人有很深的城府，有可能在忍耐之后做出一番大行为，需要谨慎对待。

满腹牢骚和喜欢谩骂者内心多空虚

在日常生活中，人们习惯于通过语言来表达自己内心的情绪和情感，而且，这种语言的心理表现形式时而隐晦，令人难以察觉；时而异常激烈，如随意谩骂滋事。不管人们以哪种形式表现出来，其实都是一种心理暗示。人际交往中，若与人发生矛盾，人们通常都会求和，以此促使交流的顺利进行。但是，也有不少人喜欢用粗俗的语言到处谩骂，甚至随意滋事，这样的人是出于何种心理呢？其实，谩骂滋事者并不是真的与他人有什么深仇大恨，或者对他人深恶痛绝。可能的原因就在于只是借此机会发泄自己心里的不满，他们有可能在之前因为心理需求得不到满足而造成了不满情绪。于是，偶然的导火线引发了一场谩骂，等到其心里的不满宣泄完毕，也就没事了。当心理需求没有得到满足的时候，其心理呈现一种空虚状态，他总想整出点事情，急于宣泄自己的情绪，在这样的心理基础之上，谩骂滋事这样的行为就产生了。

在现代社会，到处充满激烈的竞争，每个人都在一定程度上承受着生活、工作带来的压力，不满情绪在时间的堆积中达到了崩溃的边缘。从心理学上看，有了情绪就需要发泄出来，否则会给身心带来一定的危害。当然，每个人采取的发泄方式不一样，有的人可能会大哭一场，有的人可能会化悲愤为力量，而谩骂滋事不过是一种过于激烈的方式。其实，那些心中有了不满情绪，习惯于通过谩骂滋事这样的激烈的方式发泄的人，其内心是空虚的。他们在心理上常常会感到焦躁不安，但却没有办法消除，只好积压在心里。生活中的小事不过是导火线，是他们借题发挥的工具，趁机发泄出自己内心不满的情绪。而且，他们所采取的激烈方式是不分时间、地点、对象的，也不考虑后果的。那么，喜欢谩骂滋事的人为什么有这样的心理呢?

1.源于生活、工作上的压力

其实，谩骂滋事者有这样的心理是源于生活、工作上的压力。在平时的生活中，他们没有合适的渠道去发泄自己的情绪，长时间的积压使得他们心理极度空虚，于是就借生活中的小事而与他人大动干戈。当然，谩骂滋事这样的发泄方式是不合适的，也是过于激烈的。

2.缺乏自信心

通常情况下，人们对于心中的不满情绪都会找到合适的发泄途径，如与朋友聊天，或者转移重心，等等。而有的人选择谩骂滋事这样激烈的行为，主要是因为他们缺乏自信心，不敢或不好意思告诉朋友，也没有能力找到合适的发泄途径，只好发泄到无辜对象身上了。

3.源于自己的经历

有的人由于儿时的经历或记忆，内心非常阴暗，他们怀疑社会，怀疑别人。心理学家认为，在潜意识里谩骂别人是骗子的人，很有可能他们有过类似的经历，如受过骗、上过当。

总爱问长问短的人疑心重

在我们身边，大多数人的性格都比较敏感、多疑，常常对一些事情“打破砂锅问到底”。对此，心理专家认为，敏感的性格并非一定是坏事，事实上，许多职业都会受益于敏感的特质，如侦探工作、刑侦工作，从事这种工作的人能更细致地发现一些蛛丝马迹。不过，心理专家也提出了警告，过于敏感、猜忌，就有可能是一种病态。如果把多疑的特质带进人际关系之中，有可能给自己的人际关系带来摩擦与冲突，同时，也会给自己带来一定的困扰。多疑敏感性格的人所表现出来的最大特点，就是喜欢问长问短，而且，不达目的绝不罢休。怀疑是其心理的根源，他越是怀疑，就越忍不住发问；而越问下去，他的疑心就更加严重。如此循环反复，搞得被猜疑的对象十分愤怒、生气，因为每一个人在毫无理由的情况下被人怀疑都绝对是不好受的事情，他有可能会为此而断绝彼此之间的关系。

那些喜欢问长问短的人是出于何种心理呢？

1.缺乏安全感

多疑的人由于性格使然，他并不是针对所怀疑的对象，而是怀疑这个社会，怀疑身边的人，究其根源，其内心缺乏安全感。内心的不安让他觉得随时都可能被他人欺骗，或者自己现在所获得的幸福与成功很快就会失去。于是，他们总是怀疑身边的人，忍不住对一些很普通的问题问长问短。

2.缺乏自信

多疑的人都有这样的心理历程：怀疑的心理促使其追问，越追问越怀疑，深陷纠结心理不可自拔。于是，他们明知道这些事情是不可能发生的，但还是忍不住追问下去，以求心安。实际上，他们怀疑他人的心理已经远远超过了自己的自信，不自信是其产生疑心的一大原因。

第09章　肢体语言与微心理：一个动作能传递丰富的心理信息

现实的生活中，人们在用语言交流的同时，也会伴随着一些肢体动作。例如，人们在高兴时不但会用语言表达喜悦，还有可能眉飞色舞，甚至手舞足蹈，伤心时会掩面哭泣，激动时会张大嘴巴等。在你看来，这些可能是人类毫无意义的习惯性动作，殊不知，这些看似不起眼的小动作，却时刻在表达着我们的内心，因为肢体语言代表着人们心里最深处的想法，是最真实的感受。

面由心生，透过神态识心理

表情，也就是人通过面部形态变化所表达的内心思想感情；神态，也就是人的面部所表现出来的神情态度。通常情况下，这两者是相通的，神态表情，其实主要是指人在脸上所呈现出来的态度变化。

从心理学上说，每个人的神态表情都反映着其相对的心理状态。例如，一个身体健康、心情愉悦的人，通常红光满面、神采奕奕；相反，苦恼忧愁的人通常会愁云密布、眉头紧锁。其实，面相即为心相，一个人所自然表现出来的神态表情就是其心理。

人们常说：“六月的天，孩子的脸——说变就变。”其实，孩子们的脸看似变化迅速，不过，和成年人的面部表情变化相比那就逊色多了。而且，这两者是不同的：孩子脸上的变化是明显的、简单的；而成年人的面部表情变化却是微妙的、复杂的。一个人的面部表情是十分丰富的，这和一个人的内心世界有着极为丰富且直接的关系。一个人的面部表情，所表现的是一个人内心的真情实感。

小周的同学明天结婚，她打算去找领导请假。进了门之后，小周发现领导正对着一张纸发愣，眉头锁在了一起。小周怯生生地走过去，把同学的大红请柬放到领导桌子上，说明了来意。

没想到，领导看了看，说了句："单位这么忙，哪有时间老掺和这个？"说完，就继续低头看东西去了。

小周一脸郁闷地走出了办公室，以前自己请过几次假，领导都没有这样过啊，怎么回事呢？过了几天她才知道，因为领导有外遇，老婆找上门来，给领导扔下一张离婚协议书，逼着他签字呢。小周正巧拿着结婚请柬去，不是自找没趣吗？

如果小周能通过领导表情，识别其心理，那她就可以暂且不说自己请假的事情，那自然就给了自己一个伸缩自如的空间，而不是碰得一鼻子的灰。

下面，我们列举两种常见的神态表情：

1.目光

泰戈尔曾说："一旦学会了眼睛的语言，表情的变化将是无穷无尽的。"眼睛是心灵之窗，它可以如实地反映出人的喜怒哀乐。而由眼睛所表现出来的目光则是一种直接的神态表情，可以说，目光是富有表现力的一种"语言"，适当的运用能给交往带来好处。

2.笑容

笑容，也就是人们在微笑时的神态。笑容的核心在于笑，也就是人的面部要呈现出愉快、欢乐的神情。笑主要以愉快、欢乐为首要特征，当然，笑容有很多种，如微笑、欢笑、狂笑、苦笑、奸笑、傻笑、冷笑等。不同的笑容反映了人们不同的心理状态。

罗兰曾说：“面部表情是多少世纪培养成功的语言，是比嘴里讲的要复杂千百倍的语言。”确实，人类是生物界的宠儿，其表情简直可以说是变化多端，不可胜数。即便如此，神态表情却是有共性的，它超越了地域文化的界限，可以成为一种人类的世界性“语言”，在世界上，神态表情是可以通用的。

在生活中，神态表情作为传情达意的一种重要沟通方式，指的是通过眼神、动作、面部表情等来表达内心思想的一种非语言形式。神态表情不仅仅彰显着自己的喜恶，更为重要的是，通过自己一颦一蹙的变化展现自己的内心世界。

不同性格、身份、经历的人，会有各种不同的神态表情。当然，单纯的神态表情并不能完成一次沟通，必须结合具体的事件、环境、心境才能恰如其分地表现出来。

捕捉下意识的表情，分析其背后之意

在美剧《别对我撒谎》中，主人公卡尔用令人意想不到的方法轻松破案，在一个小故事中，没有逼供，没有物证，他只是和爆炸案嫌疑人聊了一会儿，捕捉到了对方耸肩、吸鼻子等几个转瞬即逝的表情、动作，便以此作为线索找出了爆炸物的安置点，这样的识别无疑让人目瞪口呆。

或许，有人会疑惑：他是凭什么线索破案的呢？其实，答案很简单：微表情。即便表情是可以伪装的，但一闪即逝的微表情却是异常真实的。善于识别人心的人往往是利用脸部细微表情动作分析被观察者的肢体语言和微表情，按照这些判断对方言语背后的真正意思，然后判断对方是否在撒谎。

一个人所拥有的许多表情，其实是有生物学基础的。例如，大脑中的杏仁核区域控制着人的害怕情绪表情。当一个人受到威胁的时候，杏仁核区就会传递信息，人就会做出恐惧的表情，这就是自然的反应。但在很多时候，人的表情是可以伪装的，也就是说，某些表情是故意装出来的。在这方面，如果你经常看电视就可以见识到演员的演技了。在电视剧中，明明知道他们所扮演的是一个虚拟的角色，这样的角色只存在于大屏幕上，但那些演技颇高的演员却以生动的表情迷惑了观众，当悲情剧上演的时候，电视机前尽是观众的哭泣声。对此，我们不得不佩服演员的深厚功底，同时，也不得不承认，神态表情是具有伪装性的。

如果我们在百度上搜索微笑的表情，那一定会出现奥黛丽·赫本的经典笑容，那是一张端庄微笑的照片。然而，对于这样的微笑，却有微表情学者说："这就是典型的假笑，是为了摆造型做出来的笑。"同时，他说道："当人的脸部表情两边不对称的时候，表现出来的感情可能是装出来的。如果先突然大声说话，然后再用手猛拍桌子，这是对可怕事情反应的手势时间差。假如是真的发火，那这两个动作应该是同时进行。"

原来，笑容也是可以伪装的。当我们在识别笑容的真伪时，最重要的是看鱼尾纹肌。不论是小孩还是老人，在真笑时，都会咧开嘴，嘴角向上，鱼尾纹肌是皱在一起的。不管是否有鱼尾纹，鱼尾纹肌都是一样的。而假笑时，嘴部的表情是一样，但鱼尾纹肌是没有什么变化的。

那么，在生活中，如何才能捕捉到微表情呢？

1.察言观色

你可以通过察言观色来判断对方说的话是否是真的，有可能是一个细微的动作，有可能是一个眼神，有可能是一个笑容。那些在他脸上、身上表现出来的表情或动作，都在随时地告诉我们他内心究竟在想什么。

2.观察对方表情是否前后一致

微表情是一种非常快速的表情，持续时间仅仅为1/25秒至1/5秒，正因为这样，大多数人往往不容易察觉到它的存在。但是，如果我们观察够仔细，还是能够从表情的变化之间搜索到一些细微的差别。例如，当一个人在咬紧双唇，沉默的时候，如果你仔细观察，会发现他紧握拳头，这表示他内心是极其愤怒的，但却强忍着。如果在这时，他说“我没生气”，那这句话也是假的。

微表情学者认为，在与人交往中，有90%的非语言信息来自面部，眼、眉、嘴、面部肌肉的细微变化，都会传递出不同的信息。其中，眼睛集中了面部表情的大部分信息，从眼神中有时可以判断出一个人是坦诚还是心虚，是诚恳还是伪善；而瞳孔扩大，表示其内心的兴奋；瞳孔缩小，则表示其内心的厌恶。

眼为心门，透过眼神读懂对方微妙心理

在生活中，双方是面对面地谈话，那么彼此不可避免地都会有视线的交流与接触。相信，应该没有那种面对面谈话，却完全不看对方眼睛的人。当然，若是一直看着对方的眼睛说话也是不太正常的。一般而言，在西方，人们会一直盯着对方的眼睛说话。但对于一向传统内敛的

中国人来说，大多数人会在交谈的时候，时而四目相对，时而转移视线。实际上，每个人的眼神里都会隐藏一些微妙心理。

谈判桌上，双方谈判已经进入最后阶段，但问题却始终围绕着交货的时间点在讨论。李先生直视着对手的眼睛，说道："由于我们公司目前的状况，必须在第四季度全部交货，这样才能保证我们公司的正常营运。"对手的视线马上移开了，似乎正在思考该怎么来回应这个问题。不一会儿，他抬头看了李先生一眼，马上又移开了视线，说道："李先生，我知道你们公司的状况，可是，在第四季度交货确实有些困难。"说完，视线由下而上，与李先生视线交汇，继续说："我希望李先生能够再宽限一些日子，这样的话，我们会加班加点，如期交货。"

李先生感觉到对手想拖延交货的日期，但又不想失去这笔业务。了解了对手如此微妙的心理之后，李先生直视谈判对手，做了最后的警告："从情况来看，你们在第四季度交货确实存在一些困难，但如果你们不能交货，我们工厂的部分车间就会停工待料，造成生产上的损失。如果这样，我们不得不放弃与你们的交易。"对手低下了头，过了一会儿，迎头接上了李先生视线，咬牙说："好，在第四季度，我们会如期交货。"

在几番的眼神躲闪与接触中，李先生识破了对手的微妙心理：很想拖延交货的日期，同时，又不想失去这一笔交易。而后者才是谈判的重点，于是，李先生毫不妥协，坚持要求第四季度交货。果然，两次催促下来，对手不得不答应了李先生的要求。

那么，在语言交流过程中，眼神表现了哪些微妙心理呢？

1.眼神完全避开

有的对手在说话时会将自己的眼神完全避开，眼睛不敢直视对方。这样的人，大多心中有鬼，有可能在他过去的谈判经历中出现了一些事情，使得他不敢面对比自己更正派的人。但是，偶尔他也会主动迎上对方的视线，这表明其内心正在做挣扎，心中隐藏着一些东西，但是，又很想证明自己问心无愧。

2.直盯着对方的眼睛

有的对手在说话时直盯着对方的眼睛，不躲，也不避。这样的人有着较强的自信心，可以说他是有些任意妄为。他希望自己的表现能给人留下很自信的印象，实际上，他们对自己并不那么自信。当然，如果两个人总是直视对方，那么，谈话的气氛很容易陷入难堪境地。因此，他们大多会在视线接触后不久就转移自己的视线。

3.紧迫逼人的眼神

有的对手在看着对方眼睛时并不是温和的，而是紧迫逼人的。这样的人内心有些自卑，总感觉自己比别人差了那么一点点。但是，他们自己却没有意识到这样的心理，他们总是强烈地认为自己是正确的，在表达自己观点的时候，他们会紧迫逼人地看着对方的眼睛，好像在说："我说的是正确的吧！"而这样的眼神会令身边的人闭上自己的嘴巴，同时，还会感受到那威逼的力量。

在交谈过程中，双方都会去注意配合对方的气息，许多人都是下意识的动作，而且，两个人的眼神会交汇，偶尔也会躲闪。例如，当对手所说的话令自己很想要表达自己观点与意见的时候，在那一瞬间，便会直视对手的眼睛。对于他人所说的话，不管自己是同意还是反对，如果觉得很有必要将信息传达给对方，那么，一般也是通过眼神来传达。如此看来，在语言交流过程中，对手的眼神里其实隐藏着道不出的微妙心理。

小小手势透露了对方的真实心理

在日常生活中，一个看似很普通的体态却包含着丰富的信息，其举止形态背后的潜意识才是我们所需要摸清的底牌。莎士比亚在《哈姆雷特》中写道："一个人表面上笑眯眯，其实心怀叵测。"试想，一个采取防卫、对抗姿态而又面带微笑的人，他或许是想以假笑来麻痹你，同时还在算计着如何拆你的台。大量事实证明，一些体态语言并不像想象中所表示的那样，就好像某个不经意的手势，却透露了其真实心理。当然，如果我们不仔细观察，肯定不会有所洞察。

星期天，小娜与朋友丽丽约在了咖啡厅，小娜很想跟丽丽谈谈自己最近烦恼的事情，希望能从丽丽那里寻求到一点安慰。

刚见面，小娜的眼睛就红了，她开始哭诉自己的遭遇，而丽丽一只手撑着脸颊，呆呆地望着小娜。小娜一开始并没有注意到丽丽的这一动作，每当说道自己遭遇很惨的时候，小娜都会习惯性地说："你说我倒霉不？"丽丽则会配合性地点点头，不过，那撑着脸颊的一只手却一直没放下来。

小娜每次抬头看丽丽，发现丽丽都是这样的动作，她猛然想起自己昨天看过的一本书——《身体姿势透露他的潜意识》，书里介绍如果有人以这样的姿势对着你，那表示对方无法专心听你讲话，只希望你快点结束话题，或者轮到他发言。在很多时候，他也并不是真的有什么话要说，只是觉得你的说话很烦而已。

在那瞬间，小娜回忆起之前每次找丽丽说话的时候，她都是这样的姿势，小娜有些不好意思地说："我说完了，最近你怎么样？说说你吧。"果然，小娜刚说完，丽丽就将手放了下来，开始兴奋地谈起了最近的一次约会。

在和朋友谈心事的时候，如果他的姿态如丽丽一样，用一只手撑着脸颊，那表示他或许根本没仔细听你说话，只期待你早点把那烦人的谈话结束掉，然后开始谈论他自己的事情。事实证明，小娜的猜测是正确的，丽丽虽然表面上没说什么，但潜意识里并不喜欢听小娜的哭诉，她更注重自己的感受。

下面，我们就简单分析几个手势透露的真实心理：

1.手不停地抚摸下巴

在与你交谈的时候，如果对方用手不停地抚摸下巴，那表示他已经陷入了沉思中，连你说什么，他都没听见。如果你对此表示怀疑的话，可以试着问他你刚刚在说什么？他一定回答不出来。

这样的人总喜欢想东想西，但从来不会想到去算计别人，只是在某些时候会陷入思考的迷宫中。同时，他会是一个比较敏感的人，如果你想告诉他什么事情，需要避免暗示，而是直接告诉他，省得他胡思乱想。

2.叉腰

在与人相处的时候，对方的姿势已经泄露了他对你的潜在态度，有的人潜意识里想给人留下这样的印象：身体强壮、沉着稳定，对别人的威胁不放在心上。对此，他们常常会做出叉腰的姿势。

3.拇指托着下巴，其余的手指遮着鼻子或嘴巴

这样的人很有主见，你在说话的时候，他总是用拇指托着下巴，其余的手指遮着鼻子或嘴巴，那表示他潜意识里根本不同意你的观点，只是不好意思说出来。他之所以做出这样的动作就是潜意识里怕一不小心会说出来。

当然，用手遮住嘴巴或鼻子，在心理上可能有两种情况：一是想反驳你，二是指你在说谎。如果是他说话时遮住嘴巴或鼻子，那表示他“言不由衷”；如果是听你说话时有了这样的动作，那就是不同意你的观点。

4.手掌向前推出

这样的动作经常性地出现在政治家身上，他们为了生存，需要对他人的攻击保持时刻的警惕。如果你仔细观察一下那些政治家的演讲，会注意到，他们在感到不安全的时候，常常会做出一些防御的手势。例如，将手横过身体，或者手掌向前推出，仿佛他们在躲避想象中的击打一样。

用手触摸鼻子和嘴巴，表示对方在撒谎

当一个人用手摸嘴巴，这表示当事人试图抑制自己说出那些谎话，即便是用几根手指或紧握的拳头遮住嘴巴，这些手势所表现的心理也是一样的。在电视剧中，我们经常会看到这样的画面：当强盗或罪犯在和其他歹徒讨论犯罪计划，或者遭受警察审讯的时候，就常常做出这样的动作。假如一个人在说话时遮住自己的嘴巴，那他有可能在说谎。假如你在说话的时候，其他人用手遮住嘴巴，那就表示他们认为你可能隐瞒了某些事情。

没有来得及找好下家就辞职的小王，这段时间正忙着赶场面试。这天下午，他接到了两个面试通知，都是他比较喜欢的工作。于是，他把一家公司的面试安排在上午，把另一家公司的面试安排在下午，中午还

能吃个饭休息休息。

可是，等到面试那天，小王却破天荒地睡过了头，起来的时候已经9点半了。他急忙洗漱，整理面试资料，等赶到公司已经是10点半了。他刚气喘吁吁地坐下，经理就走了进来，没说两句，公司副总也走了过来，想看看这里的面试情况。

顿时，小王的紧张一下子就到了顶点，在介绍自己工作经验时不自觉地摸自己的鼻子，尽管他并没有感冒，也没觉得自己鼻子有多痒。副总脸上露出了不耐烦的表情，小王心更慌乱了，本来自己昨天还做了准备工作的，可是，一紧张什么都忘记了。一会儿，副总就出去了，剩下的面试官问了几个无关痛痒的问题，就匆匆结束了面试。小王明白，这次的面试完全让自己搞砸了。

有时候，当人们在撒谎时会习惯性地触摸鼻子，有时只是略微轻触，几乎令人难以察觉。心理学家赫希称这个为“匹诺曹综合征”，这是根据那个著名的童话人物而命名的。匹诺曹每次撒完慌，木头鼻子就会变长，对此，赫希指出：“人在撒谎时，鼻子会充血，通过摸鼻子或擦鼻子，这种感觉能够得以缓解。”当然，也有人解释说，摸鼻子更多表现的是紧张的情绪，弗兰克就表示：“关于撒谎的试验研究表明，摸鼻子并不是一种普通的欺骗信号。”或许，摸鼻子并不是每个人都适用的欺诈标志，它有可能只适用于某些人。

心理学家发现，那些说谎者在撒谎时会下意识地抚摸自己身体的某些部分，其实，说谎者在撒谎时越是想掩饰自己的内心，就越是因为这些细微的动作而暴露无遗。当我们对那些说谎者进行仔细观察之后，我们会发现，他们在撒谎时会借助一些身体语言，如触摸自己或身上的衣物，掩口，摸鼻子，或者不断地拉扯自己的衣角等。

到位的握手礼，会为你加分

握手，是人与人之间交际礼仪的一部分。在我们熟知的礼仪文化中，西方见面打招呼的方式大多是互相拥抱，而对于传统的东方人，见面打招呼那就是握手。因此，千万不能小看了这一动作，在很多时候，握手的力量、姿势与时间的长短往往能够表达出不同的礼遇与态度，显露自己的个性，也会给人留下不同的印象。

一般说来，握手往往表示友好，是一种无声语言的交流，它可以沟通原本隔膜的情感，可以加深双方的理解和信任。下面心理学家就对握手礼仪需要注意的几个方面进行简单的介绍。

1.握手的顺序

一般来说，当主人、长辈、上司、女士主动伸出手时，客人、晚辈、下属、男士再相迎握手。在这里，女性朋友不要陷入一个误区，那就是必须等男士伸出手，自己才相迎握手。而正确的礼仪之道是：男女之间，需女士伸出手后，男士才能伸手相握。

除非男士已经是祖辈年龄，或者女士的年龄在20岁以下。但是，也会遇见一些忽略了握手礼仪的先后顺序而自己先伸出手的男士，这时候女士也应该毫不迟疑地相迎回握对方。

2.握手的方法

一般来说，正确的握手姿势是，当你握手时，要距离受礼者约一步，上身稍微向前倾。保持立正的姿势，伸出右手，四指并拢，拇指张开，向受礼者握手。当然，握手时的姿势不同也显示出不同的礼仪，如果你掌心向下握住对方的手，会传递给对方自己高人一等的信息，应尽量避免使用这一握手姿势；当你掌心向里同对方握手，则表示出自己的谦卑；当双方的手掌都处于垂直状态，这就是最常见也是最稳妥的握手方式。切记，握手时应该伸出自己的右手，如果你右手上有水或不干净时，应该谢绝握手，同时必须解释并致歉。

握手的力度要掌握好，如果你握得太轻，对方会觉得你是在敷衍他，显得极不礼貌；如果你握得太重，也会有失身份，让对方感到你动作的粗鲁。

握手的时间不宜过长，最好在1~3秒，千万不要握住对方的手不放。与大人物握手，与男士握手，时间在1秒左右为原则。

3.握手礼仪需要特别注意的几个问题

如果你戴着手套，握手前需要先脱下自己的手套。如果来不及脱掉自己的手套，也应该向对方说明情况并表示自己的歉意。在一些隆重的宴会上，有的女士会穿晚礼服并戴着通花的长手套，这时候不必脱下手套。

切记在任何情况下拒绝对方主动要求握手的举动都是无礼的表现。如果有特别的情况需谢绝握手，但应该向对方解释清楚。

当很多人一起见面的时候，注意千万不要交叉握手。也就是当已经有两个人在握手的时候，你不要把自己的胳膊从上面架过去，着急与另外的人握手。你应该等握手的双方已经松开了手，再进行自己的握手礼仪。

美国著名盲女作家海伦·凯勒曾写道：“手能拒人于千里之外，也可充满阳光，让你感到很温暖……”的确是这样，握手已经成了一种语言，也是一种无声的动作语言。今天，握手在许多国家已经成了一个常见的礼节。一般情况下，我们在与人初次见面、朋友久别重逢、辞行或者送行时都会以握手来表示出自己的好意，这似乎成了最常见的一种见面礼、告别礼。当然，在某些特殊场合，如你向人表示祝贺、感谢或慰问时；交谈双方达成了共同的协议时；交谈双方本来出现了意见分歧，但通过交流出现了良好的转机时，都可以以握手为礼。其实，对于大多数人来说，握手就是一种打招呼的方式。

第10章　语言表达与微心理：用语言影响他人心理

人就像是一本书，需要我们去读懂、看破，但在现实生活中，没有多少人能够真正地读懂人、看破人心。与人相处并不像我们想象中那么简单，在日常交流沟通中更需要我们多费心思去观察，通过细微之处察人心。

言语暖场，开启良好的沟通局面

生活中，我们与人打交道，会遇到这样的情况：大家似乎都不愿意主动开口而导致了场面冷清、尴尬，此时，我们该如何是好？要知道，开口交谈是人际交往中最重要的步骤之一。处理好这一步可以使交谈气氛迅速融洽起来，使我们结识很多有趣的朋友，而处理不好会引起尴尬，失去很多机会。可见，用语言暖场是我们要掌握的重要心理策略。而用语言暖场，并不是毫无章法的。

从人们的心理角度看，每个人都希望别人能说出自己喜欢听的话。因此，我们要想做好暖场工作，需要从以下几个方面努力：

1.保持良好的说话态度

人际交往，我们说出的话就像那些“散出去的鸡毛”，是很难收回来的，尤其是在公共场合下，我们的每一句话都会产生或好或坏的影响。正是这样，无礼的言行就像留在他人心中的伤疤那样难以愈合。就像一针见血地指出人的缺点，他人可能会错把自己的好心当成恶意对待，这岂不是费力不讨好。因为自己说话方式不妥当，别人会把自己的忠言当作胡言乱语，要么敬而远之，要么置之不理。说话太鲁莽，不经过思考说出来的话，只会伤人伤己。

2.以对方感兴趣的话题暖场

一般而言，说话时要选择大家都感兴趣的话题，而不是只顾自己说，否则他人就会感到厌倦，也就是我们常说的：没有共同语言。如果我们能很好地找到共同感兴趣的话题，会使他人感到自己很亲切，很了解他，找到了知己，双方也会快乐不已，使感情更加深厚。那么，在公共场合，我们可以选择大家都关注的一些话题，如时事政治、体育、房价等，即使在场的人不是很了解这些，但也能说上几句，不至于插不上话。当大家你一句我一句的开始谈话时，我们的语言也就起到了暖场的作用了。

古人曰："口者，心之门户也。"语言表达的技巧是沟通心灵的桥梁。会说话，不仅能使自己开辟出更广阔的交往空间，而且能使他人感到快乐与温馨。人际交往，尤其是公共场合，学会如何暖场是掌握说话艺术的重要部分！

掌握言语策略，一开口就能抓住对方耳朵

在生活中，我们要善于以妙语开口，让自己开口的第一句话就能牢牢地吸引住对方。大量的事实告诉我们，要想给对方交往中留下较好的第一印象，那就应该适时说第一句话，更关键的是，你第一句妙语所留下的第一印象将会在对方头脑中形成并占据着主导地位。在这里，会涉及首因效应，因此，当我们在进行语言表达的时候，也可以将其作为自

己的心理策略，尽可能做到妙语开口，这样才能一下子就吸引住对方。

初次约会，她在车站等了一个小时，可他还没有来，她打手机，还是不通。最后，他终于来了，她并没有生气，反而亲切地说："路上堵车吗？人来了就好。"他有点不好意思，不过她的身影已经住在心里了。之后，两人聊了很多愉快的话题。

热恋中，有一次他出差在外，不小心把3000元弄丢了，那是他几个月的收入。在车站，他告诉了她，刚说了一句："我把3000元弄丢了……"她第一句话说的是："人没有丢就好……"他愣在那里，啥也说不出来。其实，她一直很节俭，不过她并没有埋怨。这一次，他坚定了娶她回家的念头。

结婚后，他工作忙，很少买菜。一个双休日，他拎了一袋蔬菜回来，她第一句话说的是："你辛苦了，有进步……不过，豆角有些老……"他很清楚，妻子对他买的菜并不满意，只是怕伤他的心，不埋怨罢了。

从初次约会、热恋到结婚，无论发生了什么事情，她所说的第一句绝不是埋怨，而是关心。所以，当她的第一句话说出的时候，他就认定了她，那句话奠定了和谐的基调，就这样让他们的感情持续升温。在日常生活中，很多时候就是因为第一句话没有说好，闹得彼此关系很紧张。

那么，如何才能说出妙语呢？

1.主动问候

当我们与陌生人初次见面的时候，应该主动问候对方，以谦逊的语气体现出自己的坦诚、真挚和热情，神态自然，使用得体的语言，千万不要忸怩作态，故弄玄虚。在第一句话里，自己的思想感情要自然流露，以消除对方的戒备心理："您好，您就是张先生吧！经常听朋友提起您的名字，今天终于能亲自见上您一面了。"

2.语言得体

我们所说出的第一句话要使对方能够听得懂的，并且听进心里，这时候不要故弄玄虚，说一些不知所云的话。只有与对方心理相容才能激起心理上的共鸣，如果第一句话对方就不慎重，有可能会导致整个交流的失败。

3.以赞扬为基调

第一句话要以赞扬为基调，尽量谈论对方颇为得意的方面，如"您可真有气质" "听说您的书法很大气，今天见您算是知道什么叫'字如其人'"，等等。当然，这样的赞赏并不是毫无诚意地恭维或拍马屁，而是发自肺腑的语言，这样才能激起对方的自豪和信任感。

在人际交往中，人们往往注意外表、服饰、表情的"首因效应"。其实，"首因效应"带来的影响并不仅仅局限于外表、服饰等，还表现在见面时所说的第一句话里的微表情，而且，该效应带有比较鲜明的情绪色彩，很容易影响对方的心理。所以，我们只有说好了第一句话之后，奠定了整个谈话的基调，吸引住了对方，话题才会源源不断而来。

话留三分，让对方继续追问下去

心理学认为：好奇心是个人遇到新奇事物或处在新的外界条件下所产生的注意、操作、提问的心理倾向。人的本性是不满足的，而好奇心就是人们希望自己能够知道或了解更多事物的不满足心态。对于人们这样的心理，我们在进行语言表达的时候，应该巧妙设下“好奇陷阱”，激起对方想了解的欲望，让对方能够意犹未尽。

周末，默默约了好朋友梅子一起逛街，可是，默默发现一路上梅子都心神不定的，好像发生了什么事情似的。默默好心问道：“梅子，你怎么啦，今天看起来心情好像不太好。”“唉，我也不知道该怎么说……还是算了吧。”梅子吞吞吐吐地说。“到底什么事情，大家都是朋友，你可以说出来，看我能不能帮上忙。”默默沉不住气了。“昨天我接到爸爸的电话……”

“欲说还休”的姿态恰好可以引发对方的好奇心，当你说了一半而又停住的时候，对方就可能想知道“你究竟怎么了”“出了什么事情吗”，在强烈好奇心的驱使下，对方会主动开口说“我能帮上什么吗”。

有时候，我们应该说一句，留一句，如果把内心的全部想法说出来，那就没什么意思了。同时，对方也没有想进一步了解的想法了。说话做到意犹未尽，说半句，留半句，有些想法的表达可以适当含蓄或委婉一些，把其余的未表达的部分留给对方去猜，这样反而会激发对方的好奇心理。

1.设下“好奇陷阱”

有时候，对方可能根本不知道你有求助的意思，所以，你要巧妙设下“好奇陷阱”，通过自己的语言或行为透露给对方“自己有可能出事了”，这样对方反而会主动问你“出了什么事”“需要帮忙吗”。

2.留下悬念

如果对方主动问你“出了什么事情”，你可以留下悬念“我也不知道怎么说……还是不要跟你说好了”“其实都是小事，你还是不要知道好了”，这样对方会继续追问，迫切地想了解你的情况。

说话要言简意赅，意犹未尽，给对方留下一段想象的空白，这样才会吸引对方继续听下去。有的人说话毫无技巧性，总是开口就说，一说就完，他把所有的事情都说了，别人听了也就完了。好的口才操纵家，总会先说一部分，剩下的那部分让别人去猜，这样既达到了说话含蓄的目的，同时还可以逐渐影响到其心理，吸引对方继续听下去，达到操控人心的目的，其实，这就是隐藏在话语中的微表情。与表情相似的是，就好像“犹抱琵琶半遮面”的意境，给人以无限向往的感觉。

对症下药，不同的人有不同的说话策略

人上一百，形形色色，每个人都有自己的性情，每个人都有不同的心理。这时候，我们的语言表达方式也需要因人而异，需要迎合对方的性情、心理特点，才有可能影响对方心理。否则，一味地强势或一味地退却，只会使我们在交流中处于越来越被动的位置。所以，我们在与他人交流的时候，需要讲究看准人下“话药”，如此这般，才能使自己在人际交往中如鱼得水、应对自如。

两千多年前，孔子的学生仲由问：“听到了，就可以去干吗？”孔子回答：“不能。”这时，另一个学生冉求也问了同样的问题：“听到了，就可以去干吗？”孔子回答说：“那当然，去干吧！”公西华听了，对于老师孔子的回答感到很疑惑，就询问孔子：“这两个人问题相同，而你的回答却相反，我有点儿糊涂，想来请教。”孔子回答：“求也退，故进之；由也兼人，故退之。”

孔子的意思就是，冉求平时做事喜欢退缩，所以我要给他壮壮胆；仲由好胜，胆大勇为，所以我要劝阻他，做事要三思而后行。孔子诲人也不是千篇一律，更何况是说话呢？我们在面对不同的说话对象时，需要看准人下“话药”，时而强势，时而退避三舍，这样才能有效地影响他人心理。

战国时期著名的纵横家鬼谷子曾经说：“与智者言依于传，与博者言依于辨，与贵者言依于势，与富者言依于豪，与贫者言依于川，与战者言依于谦，与勇者言依于敢，与愚者言依于锐。”“说人主者，必与之言奇，说人臣者，必与之言私。”一个人要善于说话才会受欢迎，而且要能够根据不同的人说不同的话，使自己的话语有“弹性”，那么，你的人际交往也会相应地收放自如。

1.“见什么人说什么话”

在我们开口说话之前，需要仔细观察了解对方这个人，或是了解性格特征，或者了解他的喜好。在交谈进行的过程中，势必要“见什么人说什么话”。例如，对上司不能强势，只能退避三舍；自己的利益受侵犯，必须强势，维护自己的利益。

2.“对方想听什么，你就说什么”

当我们置身于一个谈话环境，你就必须清楚与对方的关系，了解对方的喜好禁忌，洞悉其心理。对方想听什么，你就说什么，那些讨嫌的话绝对不能说。

3.“肚子里有货才能倒得出来”

当然，为了能够应对各种人，我们必须不断地积累知识，拓展自己的知识面，这样才能和什么人都有话说，并说出对方喜欢听的话。

登门槛效应，逐步说理让对方接受

登门槛效应，也称得寸进尺效应，是指一个人一旦接受了他人的一个微不足道的要求，为了避免认知上的不协调，或想给他人以前后一致的印象，就有可能不断接受对方更大的要求。这种现象，犹如登门槛时要一级台阶一级台阶地登，这样能更容易、更顺利地登上高处。其实，每个人都有一种在他人面前保持形象一致的心理需求，他们不希望自己被看作反复无常、莫名其妙的。基于人们这样的心理，我们需要巧妙利用登门槛效应，一步步说理会令对方欣然接受。

美国社会心理学家弗里德曼与弗雷瑟在1966年做了这样一个现场实验：实验者让助手到两个居民区劝人们在房前竖一块写有“小心驾驶”的大标语牌。在第一个居民区向人们直接提出这个要求，结果遭到很多居民的拒绝，接受的仅为被要求者的17%。在第二个居民区，先请求各居民在一份赞成安全行驶的请愿书上签字，这是很容易做到的小要求，几乎所有的被要求者都照办了。几周后再向他们提出竖牌的要求时，结果接受者竟占被要求者的55%。

同样都是竖牌的要求，却产生了截然不同的结果，为什么呢？原因在于当你向对方提出一个微不足道的要求时，对方难以拒绝，否则，就显得太不近人情了。一旦接受了这个请求，就仿佛跨越了一道心理上的门槛。当再次提出较高的要求时，这个要求和前一个要求有了继承的关系，对方就容易顺理成章地接受。

在日常生活中，我们如何使用这一效应呢？

1.降低要求的“门槛”

如果你想要顾客购买自己的糖果，需要降低自己要求的“门槛”，不妨先说："这是我们店刚进的新品种，清甜可口，甜而不腻，请您随便品尝，千万不要客气。"对方在"恭敬不如从命"的心理状态下品尝了糖果，这时候你再提出购买的要求，对方一定不会拒绝的。

2.先提出一个微不足道的要求

一般情况下，男生都是这样追求女孩子的："这道题我不是很理解，你能帮帮我，给我讲解一下吗？"之后呢，紧接着说："顺路，我送你回家吧……"就这样一步步说服对方成为自己的女朋友。由于遵循了"登门槛效应"，在整个过程里，对方不会有不安的感觉。

3."哪怕……也好"

心理学家D・H.查尔迪尼代替某慈善机构做一次募捐活动时，他对一些人说了一句话："哪怕一分钱也好。"结果这些人的募捐要远远高于另外一些人。当我们再向对方说出"哪怕……也好"的时候，就会产生登门槛效应，使得对方欣然接受我们的请求。

登门槛效应给我们的启示就是，当我们需要向对方提出一个比较大的要求时，可以先不直接提出，因为这个要求很容易被对方拒绝。你可以先提出一个较小的要求，一旦被答应，再提出那个较大的要求，这时候才会有更大的被接受的可能性。当我们在说服对方的时候，也需要灵活运用这一效应。

言语激将，激发对方的好胜心

三国时期的诸葛亮就十分善于运用激将法。在马超率兵来犯时，张飞请令出战，诸葛亮却故意说："马超家世代簪缨，马超勇猛无比，在渭水把曹操杀得大败，看来只有调回关羽来才行。”这一下激恼了张飞，他立下军令状，出战马超，最终让马超投降。张飞本来是一员猛将，而自傲的情绪有可能会影响他能力的发挥，而诸葛亮的激将法起了重要的作用，使张飞在愤怒之下迸发出更大的力量，于是打败马超，使之投降。

吴先生是一家大型企业的总裁，他善于激发员工的好胜心而创造了一个又一个的奇迹。一次，吴先生新研发了一个新产品，他需要一位卓越的推销人才去为新研发的产品打通市场，这是一件异常艰巨的任务。吴先生经过几番斟酌，他选定了公司里一位颇具能力的新员工。

“带着新产品去打通市场，怎么样？”吴先生轻松地问被召见的新员工，“我现在急需要一个有能力的人去给我做销售顾问。”

那位新员工大吃一惊，他当然知道这件任务的艰巨性。他不得不考虑自己的能力，考虑这是否是在自己的能力范围之内。

吴先生见他犹豫不决，便微笑着道：“害怕了？年轻人，我不会怪你，这本来就是一件艰巨的任务，它更需要一个有能力的人来负责！”

这句话激起了那位新员工的好胜心，最终他接受了挑战，并带着新产品开始了漫漫的销售之路。

每个人都有自尊心，有时候是因为某种原因使其自尊心受到压抑，出现自卑、气馁等现象。这个时候，你就应该直截了当地给他以贬低、羞辱，刺痛之，激怒之，“冷水”浇头，使他精神一振，让他的自尊心从压抑状态中解脱出来，从而使他精神面貌焕然一新。

好胜心与挑战是每个人的天性，在生活中，只要我们善于用激将的语言，那就一定能激发出对方内心的热情，并会努力按照我们的要求去做事。同时，言语激将也是最容易让对方动心的。每个人在潜意识都会有隐藏的一股力量，当有人用言语刺激的时候，人们就会从内心迸发出一种前所未有的自信，他们相信在那一刻自己是最有能力的，这对于他们而言，心里是十分受用的。

第11章　工作职场与微心理：职场慧眼助你看清周围人的心理

身处职场，我们都处于复杂的人际网络中，我们不仅需要和同事打交道，还有可能要和上司、下属甚至面试官交流。不同的人有不同的性格、不同的行为方式，需要我们用不同的方式面对，而这些，我们都能从对方的一些微动作中察觉出来。总之，我们只有先做到洞察他人的性格并善加研究各色各样的人物，才能在职场中左右逢源、游刃有余。

察言观色，时刻掌握上司的心理

表情神态是人性的一面镜子，更是心理的一种反映。我们常说的“察言观色”，也就是透过对方的言语，观察对方的脸色，获悉对方心里隐藏的真实想法。人类的心理活动可以说非常微妙，但这种微妙经常会从表情神态中流露出来。若是遇到高兴的事情，脸颊的肌肉会松弛，一旦遇到悲哀的状况，就自然会泪流满面。但是，也有许多人不愿意将自己内心秘密让别人看出来，这时如果我们还是单从表面上看，就有可能会出现判断失误的现象。

有时在洽谈会上，对方笑嘻嘻的，完全是一副很满意的表情，让人很安心地觉得交涉成功了。“我明白了，你说得很有道理，这次我一定考虑考虑。”但结果却是以失败告终，因此我们不能仅仅以对方表露的神态来揣测其真实的心理。

有一位推销图书的业务员谈过这样一个经验：当他拿着一本图书的样本向一位客户推销的时候，会趁机仔细观察那位客户的面部表情。这时候他选择坐在客户的身边，因为坐在客户的身边容易看清客户脸上肌肉变化，当客户翻阅样本的时候，通常在他的脸上就有了买和不买的决断了。客户的表情或许不怎么明确，但是经过长时间的琢磨，却非常有趣，因此有经验的推销员往往一眼就能看清对方内心的秘密。

可见，表情也能反映一个人内心的感情。当我们倾听领导说话的时候，要善于捕捉领导面部表情的细微变化，并透过这些细小的变化来倾听其隐藏在内心深处的想法。或者是他的一个笑容，或者是面无表情，或者是嘴型，或者是一个不经意的皱眉。

如果我们注意观察，会发现领导在不同场合说话，笑容也是不同的。领导对下属说话会轻笑，露出了上牙，嘴唇稍微裂开，就好像在跟一个朋友打招呼的样子；领导在赢得功绩时会大笑，上下门牙全都露出来，并且发出了爽朗的笑声，这表示他的心情非常激动；在谈判时说话会皮笑肉不笑，这样的笑容并不是发自内心的，而是做出来的，表示正在思考计策，这样的领导做事也很沉稳。

领导言谈之间的秘密原来就隐藏在表情神色之间，如领导在说话时若是眼睛瞪得非常大，鼻孔也会显出皱纹来，或者在脸上有抽搐的现象，这表示他正强压内心的怒火。当领导在表达震惊的情感时，他们的嘴会不自觉地张开，下颚的肌肉往往很放松，并且向下垂。如果领导者对某件事情产生了浓厚的兴趣，往往会张开嘴巴，眼角下的面部肌肉会松弛。如果领导在说话时不经意皱眉，那表示他对正在说的计划并不满意，而是在极力思考更恰当的计划。

在日常工作中，我们经常会遇到面无表情的领导，无论自己说了什么，做了什么，他都没有特别的表情。实际上没有表情不等于没有感情，因为一个人的心理活动若是不呈现在面部上，那就显得极不自然。

换句话说，越是面无表情的领导者，其心理活动越是可能处于活跃期。

从上司签名方式，掌握对方个性心理

无论是在公司还是在谈判场合，我们会经常看见上司的一个习惯性动作，那就是：签名。在公司内部，许多工作的执行需要上司签字；在商业谈判中，所拟订的合同需要签上上司的名字。于是，签名成为了上司繁忙工作中的一个小插曲，在天长日久的锤炼中，上司的签名也逐渐成为了一种风格。作为上司，许多人私底下都会苦练自己的签名，致力于使自己的签名看起来别具一格。其实，许多人都不知道，通过上司的签名是可以揣摩其性格的。如果你还在为揣摩上司的心理而发愁，那么，从现在开始，仔细关注上司的签名方式，并从细枝末节中来达到识破上司心理的目的。签名所涉及的是笔迹心理学，这是一门研究人的书写心理以及笔迹特征与个性心理的科学。而通过签名方式来看破上司的性格，我们所采用的就是笔迹心理学。

下面心理学家就介绍几种常见的签名方式，可以供大家借鉴，以此来揣摩上司的真正性格。

1.拥挤的签名

有的上司在签名时小心翼翼，字写得很小，而且，名字居然挤在了一起。在其心里，很想把最小的东西做出最大的运用，心理学家认为，这样的上司在平时的工作中就是一个精打细算的人，喜欢节约，不喜欢铺张浪费。但是，因为签名显得太小气，反而给人留下不好的印象，这样的上司在生活中以节约为主，但其实到最后，他并没有为此省下来多少钱。

2.与平时写字倾斜度不一样的签名

有的上司在签名时会写得与平时的字很不相同，如平时写字往右倾斜，签名时却向左倾斜；或者，平时写字往左倾斜，签名时却向右倾斜。心理学家表示，前者很想给人留下冷淡的印象，这不过是伪装出来的，其实，这类上司本身相当友好，善于交际，性格外向；后者从表面上看是一位社交高手，热情而幽默，不过，其内心却隐隐含着反叛的心态。

3.夸张的签名

有的上司在签名时故意签得比较夸张，虽然，这样的签名看起来很有艺术感，但是，却是伪装而成的。心理学家认为，这样的上司心中常常感到无奈，于是，他们所做的很多事情都是为克服心中的无力。例如，买豪华轿车来达到内心膨胀的目的。

4.与平时写字大小不一样的签名

有的上司在签名时会写得与平时的字大小不相同。例如，签名字体比平时所写的字体大，或者，签名字体比平时所写的字体小。心理学家表示，前者内心自我膨胀心理强烈，希望通过签名来让人记住自己，可事实上，很少人能记住他们；后者内心自卑，常常会避免接受一些荣耀，平时喜欢吹毛求疵。

5.笔迹强劲、笔直

有的上司在签名时会刻意强调笔迹的风格，使整个签名看起来笔直而不夸张。心理学家认为，这就和他们性格一样，此类上司有着较强的自信心，对任何事情都能坚持到底。同时，他是一个不轻易放弃的人，如果事情遇到了一些麻烦，需要重新开始，他也会毫不犹豫地投入到其中。

6.逐字上升的签名

有的上司在签名时会不自觉地造成逐字上升，即整个签名呈上升的趋势。心理学家认为，这样的上司有着强大的野心和必胜的决心，其事业正如签名一样，会越来越好。面对已经决定的事情，他会毫不犹豫地坚持下去，绝不放弃。

7.逐字下垂的签名

有的上司在签名时会不自觉地造成逐字下垂，即整个签名呈下降的趋势。心理学家表示，这样的上司很容易因工作而疲劳，有时候，繁忙的工作会让他觉得无力应付。在工作中，他可能正在遭遇挫折与困难，随时都有可能倒下去。

8.带图案的签名

有的上司在签名时会增加一些具有艺术感染力的图案，整个签名看上去显得高雅而有节奏。心理学家分析，其性格就像签名一样，独特而有艺术气息，有一定的品位，较强的自信心。这类上司对自己的喜好，从来不掩饰，常常是直言不讳的。

9.像学生类的签名

有的上司的签名方式与学生时代的签名一样，字体缺乏形式与流畅，大小不一。如此的签名方式，体现本人的感情还处于学生时代，或许，就连其智力也还停留在那个时代。他没有办法适应公司的成人世界，故在笔迹上显露出内心的诉求。

美国心理学家艾维·赫尔斯丁说：“每一个人脑的思维被无意识地输送到手指尖上，笔迹是思维的轨迹。”笔迹如何，全凭着一双手的操作，另外，笔迹的走向、轻重、缓急都会受到手和大脑的控制。一个人在签名时的一笔一画，都会向人们展现其内心世界。

现代社会，许多领域都会用到笔迹心理学，诸如心理分析、人才招聘、遗产公证、犯罪等领域。上司的签名就代表着他自己，这是很明显的。从法律上来说，每个人的签名方式都是特别的，不过，在具体的细节中，可以将人们的签名方式归结为几类，如带着图案式的签名、难以辨认的签名，等等。如果你想了解上司的性格，不妨从其最擅长的签名方式着手，从心理学的角度，来识破其真正的个性。

你的同事是如何整理办公桌的

我们作为朝九晚五的白领一族，每天几乎有8个小时都是在办公室里度过的。而无论工作多么繁忙，我们都会用一些小小的心思来整理自己的办公桌，一张办公桌就如同一本书，可以看出一个人的个性。推开门进入一间办公室，进入眼帘的是一张张办公桌，杂乱或整洁，一眼就可以看出来，似乎比主人更显眼。

我们每天的工作都离不开各种各样的物品，从小的方面说，有可能是一支铅笔，一个杯子；从大的方面说，有可能是属于自己的一张办公桌。通常情况下，每个人收纳物品的方式都是不一样的。有的人总是喜欢把那些一件一件的物品收拾得整整齐齐，有条不紊；而有的人就喜欢做表面功夫，整体上看比较规矩，但有些隐蔽的地方就会发现杂乱的物品；还有的人根本不喜欢收纳物品，他们习惯于乱放乱拿，于是常常会翻箱倒柜寻找一份文件。在办公室里，每个人都有属于自己的一张办公桌。在同事们的那一张张办公桌上，如果你能够仔细观察的话，就可以发现隐藏在其中的秘密。通过办公桌上所呈现出来的种种表象，观察同事做事的条理性。

下面心理学家详细介绍几种常见的办公桌摆设，从中可以看出同事的条理性，达到半分钟识破同事心理的目的。

1.整整齐齐

不管是桌面上，还是抽屉里，都是整整齐齐的，各种文件都放在该放的位置上，让人看起来有一种相当舒服的感觉，这表明办公桌的主人办事是极有效率的，他们的生活也很有规律，该做什么事情，总会事先拟订一个计划，这样不至于有措手不及的难堪。

心理学家认为，他们很懂得珍惜时间，不喜欢做浪费时间的事情，他们总是能够精打细算地用不同的时间来做更有意义的事情。他们一般都有很高的理想和追求，并且一直在为此而努力。但是他们习惯了依照计划做事，所以，对于一些出乎意料的事情，常常会感到不知所措。因此，他们的随机应变能力稍微差一些。

2.在办公桌放一些照片或纪念性的东西

有的人习惯在办公桌上放家人的照片，这类人一般性格比较内向。心理学家表示，他们不太善于交际，所以朋友不多，但仅有的几个却是非常要好的。他们很看重和朋友的感情，所以会格外珍惜。他们大多都有一些怀旧情绪，总是希望珍藏一些美好的回忆。但他们比较脆弱，容易受到伤害，而且做事也缺少足够的恒心和毅力，常常会在挫折和困难面前不战而退。

3.乱七八糟

有的人的办公桌看上去乱七八糟的，心理学家表示，这样的人条理性比较差。不过，他们待人亲切、热情，性格也很随和，做事通常只凭自己的喜好和一时的冲动，三分钟热情过后，可能就会自然而然地选择放弃。他们大多缺少深谋远虑的智慧，不会把事情考虑得太周密，也没有什么长远的计划，但是他们拥有比一般人更强的适应能力。他们虽然拥有积极乐观的生活态度，但太过于随便，不拘小节，经常是马马虎虎，得过且过。

4.按一定的规则布置办公桌

在办公桌上，所有的物品都按照一定的次序和规则放好，整齐而又干净。心理学家认为，这一类型的人工作很有条理性，有很强的组织能力，所以办事效率比较高。他们具有较强的责任心，凡事都小心谨慎，避免失误的发生，态度相当认真。这样的人虽然可以把自己的本职工作做得很好，但是有一点墨守成规，缺乏冒险精神，所以不会有什么开拓和创新精神。

5.表面整洁，抽屉却很乱

有的办公桌看上去收拾得很干净、很整洁，但抽屉内却是乱七八糟。心理学家认为，这样的人虽然有足够的智慧，但往往不能脚踏实地地做事，他们喜欢耍一些小聪明，做表面文章。从表面上看来，他们有比较不错的人际关系，但实际上，却没有几个人是可以真正交心的，他们其实是很孤独的一群人。他们性格大多比较散漫、懒惰，为人处世方面不是十分可靠。

6.物品摆放很随意

在办公桌上，东西总是这里放一些，那里也放一些，没有一点规则。心理学家认为，这样的人大多做起事来虎头蛇尾，总是理不出个头绪来。他们的注意力常常被一些其他的事情分散，从而无法集中在工作或学习上，因此也很难取得优异的成绩。他们也想改变自己目前的这种状况，但是自我约束能力很差，总是向自我妥协，事后又追悔莫及，可紧接着又会找各种理由来安慰自己。

7.办公桌看上去像乱摊子

有的人的办公桌看起来像是乱摊子，如果需要找一样东西，往往要把所有的东西全部翻个遍，到最后可能还是找不到。这样的人工作能力差，效率也极低，他们的逻辑思维能力非常糟糕，多缺乏足够的责任心。

心理学家告诉我们，对方办公桌整理得怎么样，就有什么样的特征，从办公桌的特性，可以看出主人的真实面目。从某种意义上说，办公桌是我们办事条理性最直接的显示屏。对每一位待在办公室的人来说，办公室就像是一个大熔炉，复杂的人际关系搞得同事之间无所适从。不过，要想识破同事的心理，有一种最简单的办法，那就是办公桌的摆设方式。

留心观察，从日常小动作了解同事真心

现代心理学的研究证明：一个人不经意间表现出来的小动作能够反应出一个人的内心，对他人所保持的态度以及意见。在日常工作中，我们会发现，几乎每个人都有其特别的小动作。心理学家认为，每一个人的小动作都隐藏着其内心的真实想法。在很多时候，一个人的肢体语言和他们内心想要说的话并不一样，这就是所谓的小动作了。例如，在公司会议室，身边的同事看起来很认真地在听，但是，在办公桌的下面，他的手指却在不停地反复敲击着。这样的小动作表示这个人的想法实际上与他表现出来的是相反的，他一点也没有将心思放在开会上，心不知

道飞到哪里去了。因此，在工作中，如果我们能仔细观察身边同事的小动作，那么，我们就可以看出其内心的真实想法。

小白是一个话很多的人，经常逮着机会就与同事大侃起来，也不管对方愿不愿意听。对此，坐在他旁边的小李可就遭殃了，每次小白都会转过身来，兴致勃勃地说些自己碰到的趣事，小李虽说表面不拒绝，但他总是不安地用笔杆敲打桌面，以此表达自己的意思。小白却是一个马大哈，他不明白小李为什么喜欢敲桌子。不过，他什么也不想，还是自顾自地说话。

有一次，小白碰到了学心理学的朋友。在聊到小动作的时候，小白突然想到了小李，他问道："当一个人总是用笔杆敲打桌面的时候，他心里在想些什么呢？"朋友回答说："这样的小动作，大多表示他对你所讲的话已经感到厌烦了。""啊？"小白恍然大悟。后来，在办公室里，他收敛了自己的个性，不再经常缠着小李说话了。

小白通过向自己学心理学的朋友询问，发现同事的小动作是想告诉自己：我对你所讲的话并不感兴趣。在我们身边，每个同事都有那么几个常见的小动作，我们可以通过观察对方的一些小动作来发现他们对自己的意见。另外，通过一些心理实验表明，如果你与一个你很讨厌的人在一起，只会出现两种相对的反应：一是太随便，根本不在乎对方的想法；二是太拘谨，看起来无所适从，甚至，不知道该把手放在哪里。而根据同事的不同反应，正好可以揣测出同事的真实内心。

下面我们就介绍几种人们常见的小动作：

1.喜欢用嘴咬住一些物品的人

在办公室，我们经常会发现有的人喜欢用嘴咬眼镜腿、铅笔或者其他一些物品。这一类型的人我行我素，不喜欢受人管制。他们做出这样的动作，是想掩饰自己恶劣的情绪，不想让别人知道。在这种情况下，你千万不要上前搭话，以免加重其恶劣的情绪。但在有时候，这样的小动作也无法克制他们内心的不满情绪，他们的坏情绪有可能会进一步恶化，在突然之间爆发出来。

2.习惯用手拢头发的人

有的同事喜欢用指尖拢头发、轻搔面部，或是把食指放在嘴唇上。他们这一类人的性格比较开朗、乐观，虽然在面对生活或工作中的困难时也会出现失望、沮丧的心情，但是他们能在最短时间内调整好自己的心态，坦然面对这一切，并致力于寻找解决问题的办法。

如果你的同事在你面前做出这样的小动作，那就表明他们对你的谈话没有多大的兴趣，显得有点左顾右盼，漫不经心。他们或许正在思考自己的问题，并且认为你是在打扰他们，但他们会碍于情面而不表露出来。

3.喜欢两手互相摩擦的人

有的人习惯两手不停地摩擦。这一类型的人对自己充满了信心，喜欢挑战自我，并且在成功的路上敢于承担一定的风险。一旦他们决定去做某件事情的时候，就会一直坚持下去，而不会轻易改变主意和行动方向，所以他们在某些时候显得比较固执。而通常他们有这种表现的时候，就是烦躁不安、心情郁闷的时候。

4.习惯用手抚摸下巴的人

有的人习惯于用手抚摸下巴或者抓着下巴。做出这样小动作的人大多比较世故圆滑，有较深的城府。他们这样不断地抚摸下巴只是想使自己镇静下来，克制自己内心的不满情绪，以免因自己冲动之下做出什么不好的举动来，同时，他也在思考下一步的对策。

5.喜欢咬牙切齿

有的人在烦躁不安的时候喜欢咬牙切齿，这一类型的人情绪变化无常，显得很不稳定。他们的心胸不是很宽广，喜欢意气用事，就连理智也无法把握感情。

当你在职场上和同事相处的时候，能够通过对方的一些小动作分析出其心里的真实想法。这样你们在相处中就会轻松很多，显得游刃有余。

每个人都有心情不好的时候，特别是由于别人造成的情况，他的坏心情会表现得更突出。这些情绪除了通过面部表情及口头语言表现出来以外，还通过一些小动作显现出来。

从下属的消费习惯和行为，了解其价值观

心理学家告诉上司，一个人的金钱消费状况，可以了解到其价值观。作为上司，在平日的工作时间里，我们可以观察到下属一般都会把金钱消费在哪些地方，然后，再了解下属的价值观，以便于我们更好地了解下属，更好地驾驭他们。有的下属会把大量的金钱消费在购买衣物上，有的下属则会把钱寄回老家，有的下属会把钱花费在吃喝玩乐上，还有的下属会把金钱用在自己的学习、研修上。当然，不同的消费状况，可以体现出他们不同的价值观，也可以看出，什么东西在他们心中所占的分量比较重。

这天，小娜走进了经理的办公室，还没等她说话，经理就知道她来这里想说什么。这种情况不是一次两次了，而且，几乎每个月都会这

样，现在离发薪水的日子还有半个月，可她现在就想来预支薪水了。

果然，小娜大大咧咧地说："经理，我想预支这个月的薪水。"经理笑着看着她，回答说："你每个月都预支薪水，我很好奇地问问，我能知道你那些钱都拿去干什么了吗？"小娜回答说："吃喝玩乐，我这么年轻，能拿钱去干什么呢。"经理说道："年轻人，日子可不是这样过的，你这可是不到一个月就成为了月光族了，以后要是有了家庭，怎么办呢？"小娜不屑地说："经理，您那都是老思想了，要知道，人生苦短，何必要对钱动感情呢，该怎么享受就怎么享受，以后的事，以后再说呗。"经理有些无奈："你这样的价值观可不行，你预支薪水可不是一两次了，每个月都这样，你到底怎么想的？"小娜回答说："我每个月都在工作嘛，我想对于经理您来说，预支薪水这样的小事应该不难吧。"经理摆了摆手，说道："算了，你先下去吧，一会你到财务部领取薪水吧。"小娜听了高兴地走了，剩下经理坐在那里感叹："这孩子，典型的享乐主义。"

小娜将大部分的金钱用在吃喝玩乐，从其金钱消费状况中，可以看出她是一个典型的享乐主义者。这就是通过消费状况窥其价值观的一个案例故事。作为上司，不仅仅要注重下属的工作情况，也应该适时地了解下属的金钱消费情况，这样，你才能详细地了解下属，达到成功驾驭下属的目的。

1.花费在吃喝玩乐上

有的下属将自己一个月大量的工资花在吃喝玩乐上，常常是月光族，最后，不是预支工资就是找同事借钱。心理学家认为，这样的下属是典型的享乐主义者，他们将生活归结为满足人的生理需要的过程，为了追求所谓的快乐，最大限度地满足物质生活，以此享受人生。

2.花费在装扮上

有的下属会将大部分的工资花在装扮上，如果你仔细观察会发现，不是今天穿了新鞋子就是换了新衣服。心理学家表示，这样的下属比较注重自己的个人形象，他们中的大多数痴迷名牌，买东西通常是非牌子不买，似乎只要有一身好的装扮，就可以证明自己很有能力。

3.花费在家庭开销上

有的下属省吃俭用，会把自己的工资花在家庭中，或是寄给家里的父母。心理学家表示，这样的下属是幸福主义者，他们比较注重家庭，把家庭放在首要位置。在他们看来，钱并不是无所不能的，相较于金钱来说，他们更愿意与家人待在一起。

4.花费在自我提升、学习上

有的下属会将钱花在自我提升、学习上，如买书、报名学习班等。心理学家表示，这样的下属喜欢充实自己，在他们看来，人生就是一个不断学习的过程。不管为了什么目的而学习，他们都愿意享受学习过程中的快乐点滴。

心理学家告诉领导者，一个人拥有什么样的价值观，会或多或少地体现在其金钱消费状况上。他是享乐主义还是幸福主义，这都需要聪明的上司去观察其金钱消费情况。

从下属对信件的处理方式判断其工作态度

当今社会是一个信息社会，在办公室里，员工已经习惯了每天上网浏览新闻，查看自己的电子邮箱，而不同的人有不同的信件处理方式。

如果你能在日常工作中，观察到员工处理信件的方式，那么，就可以了解到他们的工作态度。一般来说，下属有这样几种不同的处理信件的方式：有的下属会让信将邮箱塞得满满的，很少删除信件；有的下属很少看信；有的下属会仔细阅读每一封来信，并立即回信；有的下属只看朋友寄来的信件，其他的全部删除。他们处理信件的不同方式，其实就是他们工作态度的缩影，只要我们掌握了这样的识别能力，就能够识破下属心理，达到成功驾驭下属的目的。

早上，张经理巡视下属办公室的时候，发现员工小李正在查看邮箱，他想到了昨晚读过的一本书《瞬间读懂你身边的人》，那里有一篇关于“信件处理方式，透露下属的工作态度”的文章。想到这里，张经理就故意在附近徘徊，想看看小李是怎样处理信件的。他发现小李将一封封信件打开，阅读，然后一封封地回信。

张经理将这一处理信件的方式与书上所讲一一对照，原来，小李是一个整天喜欢在办公室里八卦的员工。为了证实书中的观点，张经理一有空就来办公室，果然，自己还没踏进办公室，就听到了小李的声音：“你们说张柏芝和谢霆锋会离婚吗？我觉得这事是板凳上的铁钉——定下了。”办公室的人都笑了起来，有人说：“小李，如果你将关注娱乐八卦的精神放到工作上来，我看你早就升职了。”话刚说完，张经理就走了进来，他面露不悦，没想到这小李表面上看工作很踏实，工作态度这样差。

小李处理信件的方式很认真，但是，其工作态度却不那么认真。似乎，她所关注的都是八卦新闻，研究办公室上司的行为。在做这些事情的时候，就像是看那些连续剧一样，兴趣十足。由于将太多的精力放在了看信件、回信件上，自然也就没有多少精力来工作。

下面，我们就针对下属几种常见的处理信件的方式，来洞悉下属的工作态度。

1.让信箱塞得满满的，很少删信

有的下属将信箱塞得满满的，很少删除信件，他的注意力也并未放在处理信件的事情上，而是放在工作上。这样的下属工作态度认真，对于上司交代的工作能够很好地完成，从来都是说一不二。在工作中，他比较专注，专心到不会关心办公室里的勾心斗角，他一直“眼不见为净”，自己不想去了解，没看见就等于没发生。他一直生活在自己的小世界里，同事之间的争斗完全跟他无关，他只是做好自己的分内工作，算是一个尽职尽责的好员工。

2.很少看信

有的下属很少看信，似乎并不感兴趣收到的信件中写了什么。由于工作的需要，他有了信箱，却又不去查看信件。这样的下属工作态度比较懈怠，大多时间都用到了打听办公室的人事斗争上。他害怕竞争，但又担心自己被淘汰。他之所以放下工作去打听那些勾心斗角的事情，是不想自己无缘无故地成为他人的箭靶。而且，他所有的心思都在琢磨谁能胜利，谁会失败，根本不把心思放在工作上。

3.仔细阅读每一封来信，并立即回信

有的下属会仔细阅读每一封来信，并立即回信，就连信件中的促销广告、笑话或警告信，他都不会放过，每封信件必会认真阅读。这样的下属工作态度很差，他的大部分时间都用来研究信件、八卦新闻。这样的人在办公室很活跃，话很多，基本上，办公室里的流言蜚语都是他传出来的。在工作的时候，他会留意办公室斗争，并当成工作来研究，似乎就像是在看电视剧一样。

4.只看朋友寄来的信，其他全部删除

有的下属只会看朋友寄来的信件，其他的则全部删除。这样的下属工作态度比较认真，而且，很重情义。他会感激上司对自己的照顾，欣赏同事的做人做事。遇到工作上不懂的事情，他也会虚心向上司或同事请教，致力于把工作认真完成，这样的下属也是上司赞赏的对象。

每个人处理信件的方式都是不一样的，虽说这只是一件小事，但是我们依然可以通过下属在处理信件时所表现的态度而推算其平时的工作状态。毕竟，事不分大小，往往小事情更能体现出一个人的态度问题。

第12章　日常行为与微心理：言谈举止间背后的真实心理

现代社会，我们已经很难直截了当地从他人所说出的话去了解一个人。但其实，在观察微动作的同时，我们还可以从他人的言谈举止开始入手，如对方的笑容、打招呼的方式、口头禅，将这些融入到对他人微心理的分析中，相信能尽快地帮助你识破人心。

分辨不同笑容，了解其背后的秘密

我们都知道，与人初次见面，一个亲切的微笑能拉近彼此的距离，消除你和对方的拘束感；与朋友见面打个招呼，点头微笑，会让朋友之间显得和谐、融洽；长辈对晚辈报以微笑，可以使晚辈消除紧张，敬畏就会被信任和亲切所代替；上级对下级一个微笑，会让下级感到上级平易近人；服务人员面带微笑，顾客就有宾至如归之感。可见，笑的作用是多么的大。

微笑是社交场合的通行证，是表达感情的最好方式。然而，笑和一个人的性格有着一些必然联系。我们可以通过他人的笑容来了解他的内心状态。

单单是“笑脸”，就有微笑、苦笑、嘲笑等好几十种。“笑”本来是为了缓和紧张感而生的，然而像嘲笑或怜悯之类的笑，反而是在不愉快的场合中出现的“笑”。根据不同的笑脸，我们可以了解对方微妙的心理情况：

嘴角上扬的人：自信心很强、气场很足。

半边嘴角上扬的人：自信心不饱满，对一切都感到很空虚。

笑起来像女人一样的男人：平时很认真，但行为无法预测，时有惊喜的表现。

只用鼻息发出笑声的人：做任何事情都很努力，多数人比较吝啬。

用鼻子笑的人：有蔑视他人的倾向。

发出哧哧笑声的人：平常应该是温顺的人，是谨慎保守的老好人，会在别人背后帮忙。假如故意这么笑的话，就有嘲笑人的因素在里头。

笑声爽朗的人：性格开朗，从心里感到放松，豪迈的笑与高声笑的人也是这种状况。只不过，在不太自然的情况下的大笑，会令人感觉有别的意图，如故意显示自己很了不起，让人觉得自己很豪爽。有的人外表看起来豪爽，然而内心有强烈的自卑感与不安，想以大笑来隐藏，属于个性扭曲、不想让人看见真心的那种类型。

抿着嘴笑的人：让人感觉到他的优越感。这种笑，有时会让人觉得不舒服。这种人可能容易轻视他人，而且丝毫不加掩饰，不谙人心理的微妙之处，是独善其身的人。即使自己发生失误，也会表现出一副若无其事的样子，会毫不在乎地推托抵赖。

一点儿也不稀奇的是，有人经常笑。这种恭维的假笑，是一种阿谀别人的举动。带有“我会服从你”意味的笑脸，表示心怀不安或是有担心的事，有“请帮助我” “请关心我”的动机。此外，还有“想和你成为好友”的亲和欲求的讯息。

是不是从内心发出的笑，只要留意眼睛和身上即可得知。不自然的笑或有目的的笑，通常嘴角堆着笑，但眼睛却没有笑意。此外，身上也没有很兴奋的反应。

笑容背后的小秘密很容易透露出来，并不是说我们要控制自己的笑容，相反，这是要告诉我们在对他人微笑时，一定要发自内心。并且，如果你是个不爱笑的人，你一定要加以训练。心理学家告诉我们，外部的体验越深刻，内心的感受越丰富。也就是说，有了外部的笑容也就有了内心的欣喜。每天晚上对镜中的“你”笑上几分钟，然后含笑而眠；早上起来，心中默念“嘴角翘，笑笑笑”，你会发现因为有了笑容，也就有了好心情。

一个人如何笑、何时笑，笑的深度和姿态都能体现出他的性格、内心动态。当然，我们不要惧怕微笑，因为一个人的笑容改变了，他的性格、心理也会随之改变。

从打招呼的方式辨析他人性格信息

人际交往中，人们刚开始见面或者遇到熟人时，都会采取一种表示友好的方式——打招呼。可以说，打招呼是一种最简便、最直接的礼节，我们每天都有可能需要实施，因此，打招呼的方式也就透露出了关于这个人性格的信息。我们不妨先来看下面这个故事：

老王是某事业单位职工，他和周围邻居、同事的关系都很好，很少得罪人。最近，单位从外地新调来了一个领导，被安排住在老王所在的小区。这天周末的早上，老王准备和妻子去买菜。在小区门口，这名领导看见了老王，便跟老王打招呼：“老王，你好啊。”“您好，李处长。”

当时，老王妻子也向这名领导点了点头。

后来，老王发现，李处长每次看见他，都会以这样的方式打招呼，多年的识人经验告诉老王，这位李处长是个藏得很深的人。

有一次，老王听说李处长过生日，便送给他一幅画。第二天早上，他看见老王，还是那样打招呼："老王，你好啊。"老王心里纳闷，难道他不喜欢自己的送的礼物，谁知道，老王一到办公桌上打开邮件，就发现李处长给自己留言："老王，谢谢你，我很喜欢你的礼物……"

案例中的李处长是个典型的官场人物，他们在人际交往中都表现得小心翼翼，不会给人留下口舌，很注意自己的形象，因此，即便下属送了一件自己很喜欢的礼物，他们也会选择暗地里感谢。这样的性格，其实在他几次和老王打招呼的方式中已经显现出来了。

的确，小小的一次打招呼，也能让我们找到了解他人心性的突破口，不同的人打招呼的方式大有不同，具体分为以下几方面：

1.打招呼时双方的空间距离，直接显示出双方的心理距离

不难想象，死党、闺密们在见面打招呼时会立即走过去，然后给对方一个大大的拥抱或者直呼对方的小名、昵称等，这会让我们感到很亲密。而如果某个人在跟你打招呼的时候下意识地后退几步，在他看来这是礼貌的表现，但你肯定会觉得他是有意识地抗拒你，是有所顾忌的表现。

2.初次见面就很随便打招呼的人，是想形成对自己有利的势态

有人认为初次见面就很随和地打招呼的人很轻浮，其实这种人往往很寂寞，非常希望与别人亲近。去酒吧或俱乐部时，坐在自己旁边的女士，虽然是初次见面，却很亲热地与自己交谈，事实上那位女士是为了使当场的状况变得有利于她自己。心理专家提醒，当遇到"自来熟"的男性时，女性要特别小心，切勿使男性有机可乘。这种男性的性格浪漫大方，是个滥情家，性情懦弱，迷恋女性，且其中不乏游手好闲的男性。

3.边注视边点头打招呼的人，怀有戒心

打招呼时伴有注视对方眼睛这一动作的人，可能是对对方怀有戒心，还有一种可能，那么就是希望自己处于优势地位。而凝视对方的眼睛，就有可能是借此方式来探测他人心理。

4.打招呼时不敢看着他人眼睛，多半是自卑所致

当你很真诚地看着对方的眼睛打招呼，而对方却没有回应你，而是避开你的眼神，你会认为他们是瞧不起人，而实际上并不是如此，他们可能是因为自卑或者胆小，因此，你需要抑制你的情绪，不需要为此生气。

5.千篇一律地打招呼，大多是自我防卫、表里不一的人

故事中的李处长就是这样的人，他们虽然与某个人见面次数很多，经常一起吃饭、喝酒，但他们见面时还是千篇一律地打招呼。这种人具有自我防卫的性格。

6.招呼常用语揭示人的性格

招呼常用语指的是刚刚与某人结识或与熟人相遇时经常使用的打招呼的话语，心理专家曾有研究表明，从一个人的打招呼用语，可以了解这个人身上的很多性格特点。这些招呼常用语有以下几种。

“喂！”——他们开朗大方、活泼好动、思维敏捷、富于幽默感。

“你好！”——这类人性格稳定保守，工作认真负责，深得朋友信任，他们能很好地控制自己的情感，不容易情绪化。

“看到你真高兴。”——此类人大多性格开朗，待人热情、谦逊，对很多事物都很感兴趣，但容易感情用事。

“最近怎么样？”——这类人爱表现自己，自信、大方，渴望成为社交场合的焦点，但同时，行动之前，喜欢反复考虑，不轻易采取行

动。一旦接受了一项任务，就会全力以赴地投身其中，不圆满完成，决不罢休。

“嗨！”——他们比较多愁善感、腼腆，不希望得罪人，常常会因为做错事而不敢尝试，但在与自己熟悉的人面前，他们也比较活泼，在周末或闲暇时间，他们更愿意与爱人一起宅在家中，也不愿外出消磨时光。

打招呼的方式因人而异，没有千篇一律地打招呼的方式，从打招呼和应答的方式中，都可以反映出人的性格特点。

听语气，感受对方情绪的变化

生活中，人们常说：“祸从口出。”所有的祸端都来自语言，这句话是要告诫我们做人做事一定要谨言慎行，不可毫无顾忌地说话。但从这句话中，我们还应该得出的结论是，与人打交道，要想看清别人，就要从对方的语言着手。当然，通常，人们是不会直接表明自己的想法和情绪的，这一点，需要我们自己感知。还有一个重要的方面就是语气。要知道，任何一句话，都是带有感情的，因此，就产生了语气。一个人的心情如何，通常都体现在语气中。

语言是内在最好的表现，是表达心声的最佳武器，而语气则具有隐性的特点。所以，我们在与人交际的过程中，就要学会观察对方的语气。假如他说话高高在上，那么他必定是个得意之人，这样的人，你需要小心说话，以免生事端；假如他说话轻声细语，那么他就是个性格温柔之人，但也可能是绵里藏刀，这样的人你更要提防；也有一些人说话大声，他们的性格和他们的声音一样，让人觉得开朗大方；而更有一些人，说话诚恳，不矫揉造作，他们谦虚悲恭、平易近人，这样的人，更能获得别人的诚心相待。

一般说来，一个人的感情或意见，都在说话语气里表现得清清楚楚，只要仔细揣摩，即使是弦外之音也能从话语中透露出来。

1.留意语速变化，抓住对方的内心变化

如果一个人平常说话慢慢悠悠、从不着急而突然加快时，那么很可能是对方说了一些对他十分不利并且是无端诽谤的话，语速的加快表达了他内心的不满、着急和委屈；而相反，如果语速减慢的话，则很可能是对方触及了他的一些短处、弱点甚至是错误，要不就是他有事瞒着对方。语速的减慢反映了他底气不足、心虚、卑怯的内心状态。

2.声调提高，并不一定是有理

音调的变化、语气的改变能体现一个人内心的动荡，反映出个人真实的一面。理直才能气壮，为了引起你的重视，他往往会提高声调。对此，你可以这样说："是的，我也认为……"

3.沉默寡言的人变得健谈，是因为心里有"鬼"

突然由沉默变得健谈的人，往往是刚遇到了一些不愿意别人提及的事情，也就是心里有"鬼"。对此，我们要识趣，我们可以这样说："对了，我想起一个问题……"这样，就能顺利把话题引开，把对方的思维引向别处。

总的来说，真正会察言观色的人，是不会只听对方表面话语的，而是懂得观察对方情绪的波动，只有这样，我们才能对症下药，采取正确的应对方式。

生活中，我们能从别人的声音和语调来看出一个人的人格、品性以及他在与你交谈的时候的情绪等，当我们得知这些以后，就能更深入地了解对方，从而方便我们做出轻松自如和正确的应对决策。

从约会地点，分析对方个性信息

日常生活中，无论是普通朋友还是异性之间的约会，无论是一般意义的见面还是会谈，都涉及约会地点的选择。这看似很随意的一个选择，其实能反映一个人的处事方式。我们先来看下面的故事：

小林所在的公司最近新来了一个女同事双双，大概二十出头，应该是从大学毕业不久。公司所有的同事都很喜欢她，她总是很乐于助人，当别人说“谢谢”时，她总是说：“不客气，举手之劳而已。”恰好，当她实习期结束后，领导将她和小林分到了一个小组。长期一起工作，小林渐渐对这个姑娘产生了好感，但却不知道对方是怎么想的。

一个周末的上午，小林在家百无聊赖，便打电话给双双，想约她一起吃个饭、看个电影，双双倒也爽快，直接答应了。

“那我们去哪儿吃饭呢？我不知道你喜欢吃什么。”小林问。

“我比较爱吃川菜，我知道公司附近有家店不错，你觉得怎么样？”

“好吧，那一会儿见。”

……

在双双出门前，她学心理学的室友叮嘱她：“吃饭的时候别忘了问，如果让他选择约会地点会选哪里，他选择的地点能体现出他的性格，看出他是不是你的白马王子。”双双虽然觉得不太靠谱，但还是记下了室友的话。

吃饭的时候，两个人聊得很开心，聊到尽兴之时，双双问："林哥，如果我下次主动约你的话，你会选择在哪里见面呢？"

听到双双这么说，小林有点受宠若惊，"呃……"思考了一会儿后，他说："我觉得公园好点吧，我喜欢两个人坐在公园里，吃个棉花糖，看着周围可爱的小朋友和颐养天年的老人，我会觉得很安逸。你觉得呢？"

"嗯，我也挺喜欢的。"双双听完后，漫不经心地回答。其实，她心里在盘算着答案，选择公园作为约会地点的人，应该是开朗大方、活泼型的人。这和自己的性格很互补啊，看来，这个林哥很适合自己。

"不过，你说的下次主动约我，是真的吗？"小林趁机问。

"当然是真的，那下次我们就一起去人民公园，我们还可以一起放放风筝。"

听到双双这么说，小林心里甭提有多高兴了。他心想，人家姑娘已经主动表示好感了，自己就应该一鼓作气把她追到手。于是，吃完饭后，他又带双双看了场电影，从电影院出门，他们已经牵起了手。

自打这件事以后，小林就把双双当成自己女朋友了，并在自己的微博上发表了很多情感宣言，他们周围所有的同事都知道了这件事，这一对小情侣沉浸在他人的祝福中。

这则案例中，小林为什么能成功地把自己喜欢的女孩追到手？这是因为他在无形中接受了双双的心理测验，当他的答案符合双双内心的想法后，双双便主动表示出了好感，两人便顺理成章成了恋人。

心理专家称，日常生活中，异性之间包括普通朋友之间的约会，最能反映一个人深层心理的最佳指标。具体有以下几个方面：

1.选择在家门前的人

这种人性格外向，独立性强，为人老实，但却不会办事，不会做人，常常毛毛躁躁，易将事情搞砸。

2.选择在公园见面的人

这种人性格外向，热情大方，活泼开朗，个性奔放，热情、直率、独立，是天生的领导者。

3.选择在咖啡店见面的人

这种人是典型的生活艺术家，他们热情、浪漫、感情丰富，懂得如何表达爱和让爱人享受浪漫的生活，他们也很爱自己，不会让自己受委屈。

4.选择车站的人

这种人为人热情，气场强，办事风风火火，但性格急躁，没什么耐心，很有时间观念，讲究效率，之所以会选择车站这一约会地点，就是为了方便。工作中，他们很有热情，表现也很好，但人际关系处理得并不怎么样。

选择什么样的约会地点，表面上看只是很小的一件事，但却能从侧面看出此人的性格特征和为人处世的方式，是我们了解他人的一个很好的突破点。

口头禅背后体现的他人个性

生活中，我们经常会无意有意地提到某个词语或者某个句子，这就是口头禅。口头禅一词来源于佛教的禅宗，本意指不去用心领悟，而把一些现成的经验挂在口头，装作有思想。演变到今天，口头禅已经完全成了个人习惯用语的意思。而且，按照现代心理学的观点，口头禅其实也不是完全不用心的，它背后隐含着一些心理活动和心理作用。

琦琦是一名刚参加工作的推销员，现在的她还在接受公司进行的销售新手培训。在培训的过程中，负责培训的张老师发现，琦琦很喜欢把“说真的”挂在嘴边。

这天课后，张老师单独找来琦琦。

“你对自己满意吗？”

“挺好的啊，您为什么这么问？”琦琦很好奇。

“那也就是你认为自己很自信咯？那为什么你很喜欢说‘说真的’这个词呢？”

“口头禅而已，这应该不能代表什么吧？”

“这你就错了，一个人的口头禅是能泄露一个人的性格特征的，我们千万不能低估客户的观察能力。一个喜欢说‘说真的’的人，其实是不自信的人，他这样强调，就是为了让对方相信自己。我想，你应该知道自信对于一个销售人员来说有多重要吧，你自己底气不足，又怎么能说服客户呢？”

“我知道了，谢谢您，张老师，我会改掉这个口头禅的……”

和故事中的琦琦一样，相信很多人都有自己的口头禅，这看似是一种语言习惯，其实是一个人个性的显现。使用不同口头禅的人，在性格特征上是不同的，为此，我们不妨根据不同的口头禅来对我们身边的人进行划分。

1.“据说，听说”

常使用这一类口头禅的人，往往有这样一些特点：他们阅历比较广，但通常不够果断，因此，为了让自己的话不至于太过绝对、给自己留点退路，他们便常使用此类口头禅。

2.“真的，不骗你，说实话”

这类人在说话时担心听者会误解或者怀疑自己，因此，他们便急于表明自己的立场。

3.“但是，不过”

这类人说话时滴水不漏，即使发现自己说错了话，他们也能立即找出一个例外。这也表明他们说话懂得留有余地，从事公共关系的人常有这类口头禅，因为它的委婉意味，不致令人有冷落感。

4.“肯定嘛，必须的”

这类人往往信心十足，理智、果断，有足够的说服力，常令人信服。

5.“嗯，这个嘛，啊”

很明显，这是一些用于语言间歇中的词语，常使用这类口头禅的人，往往思维反应较慢。当然，一些说话傲慢者也喜欢使用这类口头禅。

6.“可能是吧，或许是吧，大概是吧”

这类人为人谨慎，行事周密，不容易得罪人，因此，人缘不错，但他们一般不会将内心的真实想法告诉别人。

口头禅反映了对某一类情形的反应模式。尤其带有消极词汇的口头禅，对认知和情绪都是一种消极暗示，所以，心理治疗师即使肯定别人，也很少说“不错”等带有双重否定的词汇。

那么，从我们自身讲，又该怎样避免口头禅为我们带来一些负面的效应呢？据有关专业人士介绍，以下三类对人心理健康不利的口头禅可要不得。

第一类，“我不行的”“我怯场的”，在生活中，尤其是在一些特殊场合，我们常常听到这样的口头禅。表面上，这只是简简单单的话，但却对我们的心理起到极强的负面强化作用，会导致我们形成自卑感进而不利于目的的达成，更对我们的心理健康有害。

第二类，摒弃那些能使人产生刻板印象的口头禅。从心理学角度而言，所谓刻板印象，顾名思义就是人们在社会生活中，随着某些社会经验的积累，会过多地依据这些经验为人处世、判定他人。这类口头禅很多，如“帅气的男人一定花心”“十商九奸”等。这些带有刻板印象的口头禅会给人们带来偏见，既不利于人际交往的和谐，也不利于身心的健康。

第三类，诸如“凑合着吧”“没劲透了”“活着真没意思”这些会传染给他人消极情绪的口头禅。不抛弃这些口头禅，则会让你在社会生活中成为不受欢迎的人。

几乎不可避免的，每个人都会有自己常用的口头禅，也许大家没有意识到，这些自己根本没注意到的习惯已经悄悄地“出卖”了我们。为此，你不妨也从这个角度来好好分析。

等电梯时的行为习惯体现了对方的内心世界

每天早晨，我们总是忙忙碌碌地从城市的各个角落赶往公司，虽然，在这个路途中必然会经历拥挤，但上司才不会管这些，办公室里的打卡器依然在等着我们。如果迟到，那意味着我们一天的薪水没有了。所以，在上班路上，总是一副急匆匆的样子。等到紧赶慢赶，终于赶到了办公大楼，于是，我们可以在拥挤的电梯门口松一口气了。在这时，你或许会碰到办公室里的同事，或许还会碰到上司，但是，谁也没有留意过自己或同事的行为动作，他们光顾着打招呼了。对此，心理学家说："人们在电梯门口时的一些行为、言语，从某种程度上透露了他们的内心世界。"所以，不要错过电梯门口的秘密，在松口气的同时，观察同事们的姿势，摸索其潜在的真实心理。

早上，小雅急匆匆地赶到了办公大楼，这时，离上班时间还差5分钟，小雅在心里祈祷："希望自己能有一个好运气，电梯正好下来。"谁料，赶到电梯那里，发现里面挤满了人。小雅气喘吁吁，这时，站在旁边的同事已经向小雅打招呼了："小雅，你来了。""小雅，站这里，这里还有个位置。"

小雅一边忙着回答同事，一边观察着同事等电梯的姿势。因为昨晚小雅刚看了一篇文章，叫作《电梯门前看穿你的心理》，她希望能够更多地了解同事，借此与同事建立和谐的人际关系。她发现：办公室的老王老是不由自主地往返踱步，但由于人群越来越拥挤，他不得不在地上顿脚；而脾气急躁的李姐则抑制不住自己反复按压电梯钮，似乎这样反复按，电梯就能快点下来；而张哥则是认真地注视电梯楼层的指示数字，只等电梯门打开就立即走进去，一点也没注意到小雅正在盯着他看；还有办公室里的同事小晨，他低着头，看着地面，也不说话；而小雅自己则是环顾周围的人和物，或是不经意地昂着头瞧瞧天花板。

这样观察了一会儿，小雅心中有数了。

细致的小雅观察了同事们不同的姿势，以此判断出同事各自的心理。通过这样的观察和判断，她更好地了解了同事们的心理，相信在以后的工作中，她与同事们会相处得更愉快。

1.认真地注视着电梯

有的人在等电梯的时候，会认真地注视着电梯楼层的数字，只等着电梯开门。心理学家表示，这样的人比较理性，处事稳重。在日常工作中，他们不太愿意插手别人的事情，不喜欢惹麻烦，经常会给人一种漠然的印象。不过，由于很会办事，很受上司的信赖。

2.环顾四周

有的人在等电梯的时候，喜欢东看看，西瞧瞧，或是看身边的人，或是看看头上的天花板。心理学家表示，这样的人有较强的防卫意识，他们不会轻易地向他人展露自己的内心世界。在工作中，他们喜欢学习新知识，有着较强的求知欲。或许，他们的朋友并不多，但每一个都是最真的朋友。

3.低着头

有的人在等电梯的时候，头向下，看着地面。心理学家认为，这样的人沉默寡言，他们不太爱在人前表露自己的思想。但是，其沉默的背后确是一颗善良、淳朴的心，他们个性比较坦率，很容易相信别人，对于他人的请求从来不拒绝。在办公室，他们很受同事的喜欢，由于他们不善于拒绝，做事显得很没原则，属于办公室里的烂好人。

4.反复按电梯钮

有的人在等电梯的时候，显得异常急躁，总是反复地多次按电梯钮，似乎这样能够使电梯的速度更快一点。心理学家分析，这样的人个性比较急躁，做事喜欢讲效率，时间观念很强。在公司里，他们的人缘很不错，由于个性随和，所以容易接近。不过，他们容易情绪化，时常会以自我为中心，一旦认定了某件事情，就会一直坚持下去。

5.往返踱步或在地上顿脚

有的人在等电梯的时候，会不由自主地往返踱步或在地上顿脚，心理学家表示，这样的人心里比较敏感，甚至略带神经质。他们有着丰富的内心世界，对于身边的人和事能够洞察，当然，他们对于自己的直觉和判断力是从来不否认的。在生活中，他们比较感性，颇有艺术气息。

心理学家认为，一般而言，人们在等电梯的时候，不可能一直保持立正的姿势，不同的人在同样情境下可能会不自觉地有各种反应，而那些看似随意的行为却透露了人们心中的奥秘。

第13章　家庭相处与微心理：暖心言行打造和睦之家

我们生活中的任何一个人，都希望自己有个幸福的家，家里有我们的爱人、孩子、父母。每当身心俱疲的时候，只要我们回家，就有了温暖。而人们常说，家家有本难念的经，加上生活琐事太多，家中似乎总有一些不和谐的因素。此时，我们千万不可生气，而应该心平气和地冷静下来，多站在对方的角度上考虑，多沟通、多交流。当然，和谐温馨的家庭关系，需要所有家庭成员共同努力！

与家人说话，也要尊重第一

心理学家建议："把礼貌带进婚姻。"在现实生活中，我们常常看到大男子主义的丈夫大声指使妻子："这个菜太咸了，你重新再炒一个！""我饿了，赶快去给我煮碗面！"或者看到许多女人声色俱厉地对着丈夫发威："喊你洗衣服，你还在磨磨蹭蹭干吗？""快去把我那件衣服拿过来，快点啊！"诸如此类的现象简直是不胜枚举。许多人认为，结婚了那就是一家人，有什么要求就直接提出来，不用跟家人客气。其实，既然已经是一家人了，我们更应该懂得尊重对方，因为一个家庭是由两个完全独立的人组成的，谁都没有义务和权利去被要求与要求，如果我们需要对方为自己做点什么，至少应该懂得礼貌，婉转地表述，考虑到对方的心理，这样对方才会更加乐意为你效劳。

有时候，我们不妨这样想一想：本来这些事情都应该是自己做，对方没有义务为自己做这做那。把家人当成朋友，试着以客气、婉转的方式请求他，他不仅不会拒绝，而且会满心欢喜地做这些事情。

因此，向家人提出要求或请求时，应注意以下两个方面：

1.切忌命令式

许多人在工作中是一把手，于是，他们习惯性地将这样的姿态带到了家中，动不动就说："我跟你说，你这样是错的，跟你说过多少次了。"以这样命令式的口吻来要求家人，对方心里肯定不好受，对你的要求也不见得接受。毕竟，家人还是家人，他们不是你的下属。

2.带点赞美的请求

当我们需要请对方去做一件事情的时候，不妨先给对方一顶高帽，如"我就知道，做这个你最在行了，相信你一定能够顺利完成的，老公，加油哦！"如此带点赞美、甜蜜的请求，谁能够拒绝呢?

家不是讲理的地方，要学会原谅和道歉

有时候，我们难以想象，对自己说出那些尖刻、伤感情的话的人，却是自己最亲近的人。似乎每个人都有这样的习惯：我们总是很容易原谅别人，却往往不肯原谅自己身边的人。大多数的人认为，结婚了彼此都成为了一家人，就不需要那么多的礼节，似乎"对不起""没关系"在他们的字典里消失了。事实上，即使面对家人，我们也应该学会道歉与原谅，这既是一份爱的表现，同时，也可以使彼此都能够释怀。

小丽在一家大公司上班，平时工作压力很大。这不，最近接手了一个很棘手的客户。她第一次提案就被狠狠地打了回来，要求重做。时间又紧迫，客户要求很刁钻，令她的情绪很差。

晚上下班回到家，一进家门，就看见儿子趴在地上玩耍，手里拿着的是自己公司的阅读资料。她急忙从儿子手中抢过资料，再看老公，正悠闲地坐在沙发上看电视。小丽的火气腾的一下就上来了，“你回来就像个大爷一样，儿子也不管，晚餐也不准备，都打算等我回来做吗？”小丽怒气冲冲地数落起丈夫来，声音也是最高分贝的，一下子就把儿子吓哭了。老公赶紧把儿子抱在怀里，无辜地问：“你今天怎么了？没有招惹你吧？简直莫名其妙。”说完，带着儿子到书房去了。小丽还想说几句，可是感觉已经没有力气了，瘫倒在沙发上。

第二天早上，小丽就意识到了自己昨晚的错误，自己实在不应该将工作上的怨气带回家，于是，她早早地起床弄了早餐。在餐桌上，小丽郑重地向老公和儿子道歉，老公抱着儿子，低下头问儿子：“宝贝，你说，原谅妈妈不？”懂事的儿子点点头，一家人都笑了。

其实，所谓的婚姻之道就是两个人的相处之道。聪明的人，一旦自己犯了些错误，就会及时地道歉，弥补伤痕，这样一来，大家都能够释怀，同时，也把伤害降到了最低。如果事情发生了，大家都只生闷气，互不理睬，觉得道歉是很丢脸的事情，那么，有可能只是一件小小的事情，最后却会造成巨大的伤害。在家庭中，我们不能忽视道歉和原谅的作用。

两个人相处，最重要的是包容、谅解。当一个人感觉到自己被理解的时候，他会莫大地感激身边的人，彼此之间的感情也会逐渐升温。甚至，我们可以说，两个人之间的相处之道就是理解和包容。

既然爱上了一个人，就包括了他的缺点和优点，如果对方在某方面犯了错误，我们应该怀着宽容的心去原谅他，帮助其改正错误，还家庭一个和谐温馨的环境。有人说：“我们最大的缺点在于对他人太宽容，对身边的人太苛刻。”在很多时候，的确是这样。　当你想对家人生气的时候，不妨把他当作自己的朋友或者客人来对待，然后，你会发现，有些事情其实并不值得生气。

赏识教育，孩子需要你的肯定和赞赏

对于一个家庭来说，孩子是否能健康、愉快地成长，和家庭是否幸福、和谐有很大的关系。如今，如何教育孩子成为困扰很多家长的问题。随着教育理念的更新，家长对孩子的教育也从以前的严厉批评、严格管教变成了现在的“赏识教育”，这对于孩子来说无疑是一件幸事。孩子天生需要赏识，就如同花草需要阳光和雨露，鱼儿需要溪流和江河。

心理学家曾经做过一个关于“孩子最怕什么”的调查，结果表明：孩子最怕的不是生活上苦、学习上累，而是人格受挫、面子丢光。美国心理学家威谱·詹姆斯有句名言：“人性最深刻的原则就是希望别人对自己加以赏识。”孩子处于生理、心理发展的关键时期他们尚未形成独立的自我意识，非常在乎他人对自己的看法。因此，对孩子进行“赏识教育”，尊重孩子、相信孩子、鼓励孩子，不仅可以发现他们身上的优点和长处，挖掘隐藏在其身上巨大的、不可估量的潜力，而且能够缩短家长和孩子的距离，从而促进孩子的健康成长。

家长一定要好好运用“赏识”这个法宝，不要觉得孩子做好了、学好了是应该的事而疏于表扬。渴望被人赏识是人的天性，大人们也是如此，就连美国著名的作家马克·吐温先生也曾经说过：“凭一句动听的表扬，我能快活上半个月。”

很多家长说：“我该怎么夸孩子呢？总不能一天到晚说‘好啊，乖啊’。”这里就谈到了赏识教育的中心话题——鼓励孩子。让孩子在“我是好孩子”的心态中觉醒，同时一定要注意表达的方式和内容。

具体来说，你的赏识必须满足以下两个要求：

1.真实的

赏识教育一定要不动声色，一定不能被别人发现，不能太虚伪，它必须是真实的，并且是自然流露出来的，不是直接说出来的。例如你可以说：“小燕子，你这个上衣是哪买的？能不能哪天带我去，我太太正好也想买一件带条纹的青色衣服，但一直都没有看见。”当你离开了以后，对方会觉得你真喜欢这件衣服，觉得自己的眼光得到了别人的肯定。你没有直接夸奖，但效果达到了。对孩子说话的水平一定要达到这种程度，做到滴水不漏。

2.具体的、细节化的

有时，家长虽然也给予了孩子一些赞美，但是由于心理标尺太高，高于孩子的现实，夸奖时常喜欢加一条小尾巴，比如说：“你做这件事很对，但是……”自以为很聪明，先扬后抑，让孩子高高兴兴地接受教训。其实，孩子对这类表扬很敏感，他会认为“噢，他原来就是为了后面一段话才假惺惺地表扬我几句”。因此，对孩子表扬要真诚大方，讲究实效，讲究细节。例如：“孩子，你今天被子叠得真整齐。”“孩子，你真孝顺，帮妈妈把牙膏挤好了。”“今天你表现得真不错，妈妈注意到你向周爷爷问好的时候，笑眯眯的。”

什么是赏识呢？所谓“赏”，就是欣赏赞美，“识”，就是认识和发现，综合起来的意思就是家长们要认识和发现自己孩子所特有的长处和优点，并加以有目的的引导，勿使其压抑和埋没。

吵架是一门艺术，是感情的催化剂

感情需要激情的碰撞，就像玩碰碰车，乐趣在于东碰西撞、你攻我守。在日常生活中，几乎每个家庭都会发生争吵的场景，但是，却不是每次吵架都能增进感情。结婚后，爱情的激情早已不再，日子渐渐回归了平淡，偶尔小吵小闹，会给我们增添许多乐趣，让我们重新感受到感情的激情与甜蜜。但一旦吵架升级了，不仅不能增进感情，反而会伤害彼此之间的感情。因此，在家庭这个城堡里，我们要学会将吵架变成感情的催化剂。

《红楼梦》第十九回，曹雪芹描述了宝玉与黛玉吵闹的情景：

宝玉回到了黛玉房里，见她睡在那里，就去推她，黛玉说："你且别处去闹会子再来。"宝玉推她道："我往哪里去呢？见了别人怪腻的。"黛玉听了，嗤的一声笑道："你既要在这里，那边去老老实实的坐着，咱们说话儿。"宝玉道："我也歪着。"黛玉道："你就歪着。"宝玉道："没有枕头，我们在一个枕头上。"黛玉道："放屁！外头不是枕头？拿一个来枕着。"宝玉看了一眼，回来笑道："那个我不要，也不知道哪个脏婆子的。"黛玉听了，睁开眼，起身笑道："真真你是我命中的'天魔星'！请枕这一个。"她把自己的枕头让给宝玉，自己又拿了一个枕着。

虽然只是"抢枕头"这样的小事，但是，在两个人之间，却成为了示爱的一种活泼而随意的方式。互相有好感的黛玉和宝玉没有因小吵小闹而生气，反而变得越来越亲密。在家庭里，两个人彼此依赖、深深相爱，“吵闹”成为了他们调节气氛的工具。虽然，在旁人看起来像吵架一般，你一言我一句，你奚落我，我挖苦你，互不相让。但是，这与真正的吵架却有所不同，他们都是以轻松、欢快的态度说出那些尖刻的言辞，以这样的方式表现出彼此的亲密与娇嗔。

当然，即使是生活中的小吵小闹，稍有不慎，也有可能会升级。因此，我们需要注意以下几个问题：

1.不要冷战

大多数人吵架时常常喜欢用冷战的方式，不接电话，或者，一气之下出去住。其实，冷战无疑是一场赌博，冷掉的不仅是彼此之间的怨怒，还有感情。有人企图用冷战的方式去惩罚对方，殊不知，在这个过程中你自己也受到了惩罚。

2.不要冷嘲热讽

有的人在吵架时喜欢说讽刺的话，如 “你回来干什么？外面多逍遥自在啊。”这种口气只会激怒对方。冷嘲热讽的伤害是巨大的，没有哪一个人能容忍爱人对自己的嘲讽，真实地展露自己的诉求，对方会更容易理解。

3.就事论事

有时候，吵架的导火线根本就只是一件小事，但是，由于两个人相处久了，了解彼此的事情多了，在吵架时就将那些陈年的往事翻出来。这样，只会增加彼此之间的怨气，不如就事论事，你会发现，这些小事根本不值得生气。

4.多点娇嗔之语

在吵架时，少一些犀利的语言，多一些温情的娇嗔之语，即使对方正在气头上，也会马上转怒为笑，这就是“小吵小闹小情话”，增进感情，使爱情更加甜蜜。

注意言谈，婆媳相处很微妙

“婆媳关系”是一个非常敏感的话题。对于已经进入婚姻围城的人来说，处理婆媳关系比什么都困难，婆婆和儿媳都互相抱怨：“你怎么这么难相处啊？”其实，在这个世界上，并没有多少刁钻的婆婆，也没有太多凶恶的媳妇，婆媳之间之所以有这么大的矛盾，原因在于“言谈”。矛盾的爆发常常是因几句不恰当的言语，久而久之，两个人心中就有了疙瘩，矛盾日益加深，于是便有了一些磕磕绊绊、争吵。所以，处理好婆媳关系的关键在于注意自己的言谈，留心对方的神色。

那么，婆媳之间的言谈应该注意哪些方面呢?

1.忌挑剔之语

不管是婆婆还是儿媳，言谈间都不宜使用挑剔之语，尽量以包容的态度来沟通。如果对方所做的事情真的令自己不满意，我们也要学会谅解，表示自己的感激之情，委婉地提出自己的建议，这样一来，彼此都很容易接受。

2.语气谦和

婆婆和儿媳都是一家人，婆婆不需要将自己摆在高高在上的位置，儿媳也不应该总是以女王身份亮相，尤其是说话方面，彼此语气都谦和一些、客气一些，矛盾少了，欢笑也就多了。

3.站在对方的角度想问题

有时候，可能婆婆对这样也看不惯，对那样也看不惯，但是，作为儿媳应该想想她以前生活的年代，尽量站在对方的角度想问题，这样就能理解她的言行。对婆婆来说，也是一样的道理，不能老是把自己沉浸在过去那个年代，多了解现代社会，观念开放了，思想就开通了。双方互相理解，婆媳之间的矛盾自然就没有了。

爱，是无所不能的力量

生活中，几乎每天都有机会让我们展示说服的能力。例如买菜时和小贩讨价还价，再如工作中和同事因为意见不同而沟通，甚至晚饭吃什么都要说服意见和你不同的老公，当然，最头疼的还是说服孩子听从父母的安排……总而言之，人活着就不能不说话，只要说话就离不开说服。那么，面对不同的说服对象，我们也会采取完全不同的说服方法。例如，在和孩子说话时，很多父母习惯于下达命令；在企图说服顶头上司时，职场人士往往采取汇报并且虚心听取意见的姿态；反之，在说服下属采纳自己的方案时，就会不知不觉间变得强势很多，让下属按照自己的意思去全权办理；夫妻之前开展说服工作时，有的时候会以倔强的语气表达看法，有的时候则会以温柔的撒娇作为手段达到目的……归根结底，不管采取哪种方法去说服他人，我们都会使出浑身的杀手锏，以达到目的。

在众多说服的方法之中，对于亲人、爱人和朋友，有一种非常美好的说服方法，那就是爱。人是因爱而生的，只有爱，才能让人们更好地彼此理解，相互体谅。虽然要挟、固执地陈述自己的观点，也能达到说服的目的。但是，这些方法都没有用爱去说服对方更美好。如果你能恰到好处地运用爱的力量说服自己所爱的人，那么你就会对爱有更加深刻的理解和感悟，也会被爱这种伟大而坚定的力量所感染。爱，是无所不能的力量。

豆豆是个独生女，从小在父母的疼爱下长大，无忧无虑，非常幸福。如今，豆豆已经成立了自己的小家庭，开始独自生活。她和丈夫每到节假日就会去和父母团聚，一起吃饭，一起聊天，生活过得惬意而又美好。然而，好景不长，爸爸在一次例行体检中被怀疑得了脑癌。这对于豆豆和妈妈来说，无异于晴天霹雳。一时之间，她们都不知如何是好。在复查确诊之后，爸爸经过深思熟虑，做了一个决定：放弃治疗。对于爸爸的决定，豆豆很不理解。她甚至觉得爸爸太过于胆小怕事了，不就是脑瘤嘛，现代的医学技术如此发达，只要积极治疗，是一定能够治愈的。在与爸爸因为放弃治疗的问题发生几次冲突之后，妈妈对豆豆说：“豆豆，你觉得爸爸放弃治疗是因为害怕吗？其实不是，他是不想把家里的钱全部花完，人也走了，留下咱们娘俩。他是想把这些年辛苦赚来的钱，都留给我们啊！”听了妈妈的话，豆豆热泪盈眶。然而，作为女儿，不管爸爸出于怎样的想法，她都无法接受爸爸放弃治疗的想法。

思来想去，豆豆意识到不能和爸爸硬碰硬。毕竟，爸爸现在是病人，需要家人精心的呵护和照顾。豆豆决定采取爱的方式，让爸爸不忍心放弃治疗，留下她和妈妈。豆豆劝说爸爸妈妈去旅行，因为豆豆为他们设计了爱的专线。其实，妈妈也想让爸爸治疗，所以策应豆豆，旅行很快就成形了。在这次旅途中，妈妈照顾着爸爸，他们一起重温了年轻时相识相知的地方，也一起走了曾经走过的路，再看一遍那些当年让热恋中的他们流连忘返的风景。果然，爸爸在旅行之后改变了想法，他说："我接受手术，我不能把你们母女俩孤零零地留在人世间。我要看着我的女儿生子，帮她抚养孩子，还要陪着我的爱人走完漫长的人生。"心态一旦改变，爸爸原本听天由命的状态也马上改变。他开始积极地锻炼身体，准备迎接手术。也许是爱感动了上天，爸爸的手术进行得非常顺利，而且肿瘤经过病理检查，确定是良性的。豆豆心里松了一口气，遍布的乌云终于散了。

原本，爸爸因为对女儿和妻子的爱，决定放弃治疗。在几次劝说爸爸无果的情况下，豆豆决定采取一种迂回曲折的办法，用爱唤醒爸爸的求生欲望。豆豆精心设计的路线果然让爸爸想起曾经的美好，他再也不愿意抛下妻子和女儿，独自求死。因为向死而生的勇敢，爸爸鼓足了勇气，最终换来身体的痊愈。这就是爱的力量。用爱说服你所爱且爱你的人，能够让你深切感受到爱的力量，也体会到亲人之间生死依存的美好。

生活中，面对很多人的时候，我们都可以用爱的方式说服他们。只要让我们所爱的人理解我们的苦心，坚信不管什么时候，我们对他的爱都不会改变，他就一定能够鼓足勇气，向死而生。

参考文献

[1]陈玮.微人格心理学[M].北京：中央编译出版社，2015.

[2]文德.微心理[M].北京：北京联合出版公司，2014.

[3]陆同. 谈话微心理[M].长春：吉林出版集团有限责任公司，2015.

[4]倪裳.恋爱微心理 [M].长春：吉林出版集团有限责任公司，2015.